我是大俊哥 编著

电工初学者宝典

看实物接线图 学电工

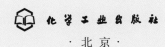

化学工业出版社

·北京·

内 容 简 介

本书采用超大的实物彩图，用完全图解的方式对电工基本电气元器件与常用工具仪表，常用家庭用电电路，常用电动机控制电路，实际应用电路的接线、工作原理、参数等做了讲解和说明。全书辅以清晰的接线引导，给电工领域的初学者提供了一种全新的、直接的学习方式，可帮助电工爱好者、初学者、从业者快速掌握常用电工电路的接线、原理等，并学以致用，快速提升技能和工作效率。书中大部分接线都配有视频讲解，而且还有知识拓展。

本书适合电工初学者学习。

图书在版编目（CIP）数据

电工初学者宝典：看实物接线图学电工/我是大俵哥
编著．—北京：化学工业出版社，2021.10（2023.8重印）
ISBN 978-7-122-39611-2

Ⅰ．①电…　Ⅱ．①我…　Ⅲ．①电工-图解　Ⅳ．
①TM-64

中国版本图书馆 CIP 数据核字（2021）第 149395 号

责任编辑：高墨荣　　　　　　　　　　　　　　　　装帧设计：刘丽华
责任校对：边　涛

出版发行：化学工业出版社（北京市东城区青年湖南街13号　邮政编码100011）
印　　装：天津市银博印刷集团有限公司
787mm×1092mm　1/16　印张16¼　字数334千字　2023年8月北京第1版第5次印刷

购书咨询：010-64518888　　　　　　　　　　　　　售后服务：010-64518899
网　　址：http://www.cip.com.cn
凡购买本书，如有缺损质量问题，本社销售中心负责调换。

定　　价：98.00元

前言

尊敬的读者朋友，您好！

感谢您的支持，我是大佬哥（网名），真名王青平，是一名从事电工行业十多年的专业电工。本书是我通过多年的工作经验，整理、绘制、编写的一套电工资料，非常适合零基础的朋友参考和学习。

书中包含家庭用电电路、工业电路、仪表的使用、排查故障的技巧等，通过直观、高清的实物接线图和通俗易懂的白话语言，可以帮助新手朋友们轻松打开通往电工的一扇门。

书里的多数电路，来源于实践，都是非常经典的案例。家庭用电电路以照明电路为主，包含各种灯控电路以及比较流行的智能控制电路。工业电路以电动机控制电路为主，分为原理图和实物接线图两种表现形式，原理图有原理分析，部分实物接线图有视频讲解，可以让朋友们快速地学会看电路图，并且学会看图接线。完整的电动机控制电路分为主电路和控制电路，由于完整的实物接线线条太多，影响观看效果，书中均以主电路和控制电路分开的形式绘制，以达到更简洁、更直观的阅读效果。仪表的使用包含：数字万用表、指针万用表、兆欧表，都是查找故障必备的常用仪表，书中有完整详细的视频教程（扫码看视频），以手把手教学的形式，让零基础的朋友也能快速地掌握。变频器常见电路包括常见参数的设置、端子的介绍以及常见的变频器主电路和控制电路实物接线图，通过这些电路的学习，可以掌握简单变频器控制电路的工作原理和实际接线。

本书的电路以学习为主，实际应用时因条件不同、电气元件选型不同、参数不同等因素，最终的效果可能也不同。一定要多思考，多练习，根据不同的控制要求，做到活学活用，灵活变通。俗话说：师傅领进门修行在个人，本书可以让朋友们快速入门，但后期的经验积累更为重要。

本书由我是大佬哥编写，同时要感谢机电维修孔师傅和谭金鹏老师的大力支持以及对本书提出的宝贵意见，感谢各位同行师傅们的支持。

由于本人水平有限，绘制的只是部分常见电路，如果没有您需要的电路，敬请理解。读者阅读本书时，如有问题请发邮件到 gmr9825@163.com，我会尽快回复。

因时间仓促，疏漏之处，欢迎朋友们批评指正。

我是大佬哥

目录

第1章

常见电气元器件

1　控制按钮（1）················002

2　控制按钮（2）················003

3　空气开关····················004

4　漏电保护器··················005

5　指示灯······················006

6　熔断器······················007

7　交流接触器··················008

8　交流接触器实物接线图········009

9　交流接触器线圈电压图解······010

10　中间继电器·················011

11　中间继电器实物接线图·······012

12　时间继电器·················013

13　时间继电器延时启动控制照明实物接线图··········014

14　时间继电器延时停止控制照明实物接线图·······015

15　固态继电器·················016

16　液位继电器·················017

17　浮球开关···················018

视频

页码

002, 004
005, 008
011, 013
016, 018
019, 024
025, 026
031, 033
034

18　热过载继电器················019

19　热过载继电器实物接线图········020

20　电动机综合保护器············021

21　断相与相序保护继电器········022

22　辅助触头···················023

23　行程开关···················024

24　开关电源···················025

25　时控开关···················026

26　时控开关实物接线图··········027

27　万能转换开关···············028

28　温控仪·····················029

29　温度变送器·················030

30　电接点压力表···············031

31　智能压力开关···············032

32　控制变压器实物接线图········033

33　电气符号···················034

34　常见电气元件外形及功能·······036

第2章

常见电工仪表的使用

1　数字万用表面板和挡位 ················040
2　数字万用表测量电压 ···················041
3　数字万用表测量三极管 ················042
4　数字万用表测量电流 ···················043
5　数字万用表测量二极管 ················044
6　数字万用表的电阻挡和蜂鸣挡 ·········045

视频
———
页码

040, 048
049, 050
051

7　数字万用表测量电容 ···················046
8　数字万用表分辨火线和零线 ···········047
9　电子摇表的使用方法 ···················048
10　兆欧表测量三相异步电动机的好坏 ·····049
11　数字万用表视频教程 ··················050
12　指针万用表视频教程 ··················051

第3章

家庭用电电路实物接线图

1　串联电路实物接线图 ···················054
2　并联电路实物接线图 ···················055
3　混联电路实物接线图 ···················056
4　一个开关控制一个灯实物接线图 ·········057
5　两个开关控制一个灯实物接线图 ·········058
6　三个开关控制一个灯实物接线图 ·········059
7　四个开关控制一个灯实物接线图 ·········060
8　双联开关控制两个灯实物接线图 ·········061
9　两个开关控制两个灯实物接线图 ·········062
10　三联单控开关控制三个灯实物接线图 ·······063

视频
———
页码

054, 057
058, 059
060, 061
062, 063
064, 065
066, 067
068, 069
071, 072

11　一开加五孔插座实物接线图 ···········064
12　两个单开加五孔开关控制一个灯实物接线图 ·······065
13　双开加五孔插座实物接线图 ···········066
14　三个开关控制两个灯实物接线图（1）·····067
15　三个开关控制两个灯实物接线图（2）·····068
16　浴霸开关实物接线图 ···················069
17　触摸开关、声光控开关实物接线图 ·······070
18　免布线遥控开关实物接线图 ···········071
19　遥控开关控制灯泡实物接线图 ···········072
20　家庭照明电路扩展电路实物接线图 ·······073

21 关灯后灯泡微亮的常见原因 …………………074
22 解决关灯后微亮最有效的方法（1）…………075
23 解决关灯后微亮最有效的方法（2）…………076
24 一灯双控关灯微亮的解决方法 ………………077
25 单控灯改双控灯实物接线图 …………………078
26 灯泡不亮的3种情况 …………………………079
27 吊扇无级调速开关实物接线图 ………………080
28 五线风扇电机实物接线图 ……………………081

29 单相电能表实物接线图 ………………………082
30 家庭用电配电箱方案1 ………………………083
31 家庭用电配电箱方案2 ………………………084
32 家庭用电配电箱方案3 ………………………085
33 加装过欠压保护器的家庭用电电路实物接线图…086
34 加装浪涌保护器的家庭用电电路实物接线图……087
35 开关和插座的安装高度参考值 ………………088
36 家庭电路铜线的安全（长期）载流参考表………089

视频
页码

074, 075
076, 077
078, 079
081, 082
083, 084
086, 089

第4章

电动机控制电路实物接线图

1 三相异步电动机的铭牌 ………………………092
2 三相电动机点动控制实物接线图 ……………093
3 三相电动机点动控制完整电路原理图和实物接线图…094
4 简易的自锁电路原理图和实物接线图…………095
5 有过流和过载保护自锁电路原理图和实物接线图…096
6 简易的加密电路原理图和实物接线图…………097
7 中间继电器自锁原理图和实物接线图…………098
8 中间继电器互锁（长动）原理图和实物接线图……099
9 点动加长动原理图和实物接线图（1）………100
10 点动加长动原理图和实物接线图（2）………101
11 点动加长动原理图和实物接线图（3）………102

12 电动机异地控制原理图 ………………………103
13 电动机异地控制实物接线图 …………………104
14 简易的两地控制实物接线图 …………………105
15 三地控制的主电路实物接线图 ………………106
16 三地控制的控制电路原理图和实物接线图………107
17 预警电路原理图和实物接线图 ………………108
18 电磁抱闸制动电路原理图和实物接线图…………109
19 短接制动电路原理图和实物接线图 …………110
20 正反转主电路原理图实物接线图………………111
21 正反转点动控制原理图和实物接线图（1）………112
22 正反转点动控制原理图和实物接线图（2）………113

视频
页码

093, 095
096, 097
098, 099
100, 102
103, 104
107, 111
112

23 正反转长动控制原理图和实物接线图⋯⋯⋯⋯⋯ 114

24 正反转控制主电路和控制电路原理图

（双重互锁）⋯⋯⋯⋯⋯⋯⋯⋯⋯⋯⋯⋯⋯⋯ 115

25 正反转控制电路实物接线图（双重互锁）⋯⋯ 116

26 脚踏开关控制原理图和实物接线图⋯⋯⋯⋯⋯ 117

27 脚踏开关启停控制限位停止实物接线图⋯⋯⋯ 118

28 单相电动机正反转电路原理图和

实物接线图（1）⋯⋯⋯⋯⋯⋯⋯⋯⋯⋯⋯⋯ 119

29 单相电动机正反转电路原理图和

实物接线图（2）⋯⋯⋯⋯⋯⋯⋯⋯⋯⋯⋯⋯ 120

30 小吊机遥控器控制电路原理图和实物接线图⋯⋯121

31 两个交流接触器控制单相电动机正反转主电路和

控制电路原理图⋯⋯⋯⋯⋯⋯⋯⋯⋯⋯⋯⋯⋯ 122

32 两个交流接触器控制单相电动机正反转电路

实物接线图⋯⋯⋯⋯⋯⋯⋯⋯⋯⋯⋯⋯⋯⋯⋯ 123

33 倒顺开关控制三相异步电动机正反转电路实

物接线图⋯⋯⋯⋯⋯⋯⋯⋯⋯⋯⋯⋯⋯⋯⋯⋯ 124

34 倒顺开关控制双电容单相电动机正反转电路

实物接线图⋯⋯⋯⋯⋯⋯⋯⋯⋯⋯⋯⋯⋯⋯⋯ 125

35 小车自动往返主电路和控制电路原理图⋯⋯⋯⋯ 126

36 小车自动往返控制电路实物接线图⋯⋯⋯⋯⋯ 127

37 单按钮正反转主电路和控制电路原理图⋯⋯⋯⋯ 128

38 三个交流接触器互锁主电路和控制电路原理图⋯⋯ 129

39 三个交流接触器互锁主电路实物接线图⋯⋯⋯⋯ 130

40 三个交流接触器互锁控制电路实物接线图⋯⋯⋯⋯ 131

41 行车遥控器主电路实物接线图 ⋯⋯⋯⋯⋯⋯⋯ 132

42 行车遥控器控制电路实物接线图⋯⋯⋯⋯⋯⋯⋯ 133

43 电接点压力表简易控制实物接线图⋯⋯⋯⋯⋯⋯ 134

44 电接点压力表手/自动控制电路原理图和

实物接线图⋯⋯⋯⋯⋯⋯⋯⋯⋯⋯⋯⋯⋯⋯⋯ 135

45 电接点压力表低启高停电路原理图⋯⋯⋯⋯⋯⋯ 136

46 三相电动机延时停止主电路和控制电路

实物接线图⋯⋯⋯⋯⋯⋯⋯⋯⋯⋯⋯⋯⋯⋯⋯ 137

47 断电延时时间继电器控制电动机延时停止

实物接线图⋯⋯⋯⋯⋯⋯⋯⋯⋯⋯⋯⋯⋯⋯⋯ 138

48 两台电动机循环工作主电路和控制电路原理图⋯⋯139

49 两台电动机循环工作控制电路实物接线图⋯⋯⋯ 140

50 钢筋弯箍机主电路原理图和实物接线图⋯⋯⋯⋯ 141

51 钢筋弯箍机控制电路原理图和实物接线图⋯⋯⋯ 142

52 星三角降压启动主电路原理图和实物接线图⋯⋯ 143

53 手动控制星三角降压启动控制电路实物接线图⋯⋯144

54 手动控制星三角降压启动主电路和

控制电路原理图⋯⋯⋯⋯⋯⋯⋯⋯⋯⋯⋯⋯⋯ 145

55 自动控制星三角降压启动主电路和

控制电路原理图⋯⋯⋯⋯⋯⋯⋯⋯⋯⋯⋯⋯⋯ 146

56 自动控制星三角降压启动控制电路实物接线图⋯⋯147

57 星三角正反转手动控制主电路实物接线图⋯⋯⋯ 148

58 星三角正反转控制电路实物接线图⋯⋯⋯⋯⋯⋯ 149

视频
页码

115, 125

126, 128

131, 138

143, 144

146, 147

59 星三角正反转降压启动主电路和
控制电路原理图···········150

60 手动控制星三角正反转控制电路原理图··········151

61 手动控制星三角正反转控制电路实物图··········152

62 两个接触器控制星三角降压启动主电路和
控制电路原理图···········153

63 两个接触器控制星三角启动主电路实物接线图·····154

64 两个接触器控制星三角启动控制电路
实物接线图···········155

65 空气延时触头控制星三角降压启动主电路和
控制电路原理图···········156

66 空气延时触头控制星三角降压启动控制
电路实物接线图···········157

67 自耦变压器降压启动主电路和控制电路
原理图（1）···········158

68 自耦变压器降压启动主电路实物接线图··········159

69 自耦变压器降压启动控制电路实物接线图（1）···160

70 自耦变压器降压启动主电路和控制电路
原理图（2）···········161

71 自耦变压器降压启动控制电路实物接线图（2）···162

72 软启动器控制电动机实物接线图···········163

73 中间继电器控制软启动器实物接线图··········164

74 两台电动机顺序启动主电路和控制电路原理图····165

75 两台电动机顺序启动控制电路实物接线图··········166

76 两台电动机顺启逆停主电路和控制电路原理图····167

77 两台电动机顺启逆停控制电路实物接线图··········168

78 两台电动机顺启顺停主电路和控制电路原理图····169

79 两台电动机顺启顺停控制电路实物接线图··········170

80 两台电动机顺启同停主电路和控制电路原理图····171

81 两台电动机顺启同停主电路和控制电路
实物接线图···········172

82 一键启停主电路和控制电路原理图（1）··········173

83 一键启停控制电路实物接线图（1）··········174

84 一键启停主电路和控制电路原理图（2）··········175

85 一键启停控制电路实物接线图（2）··········176

86 一键启停主电路和控制电路原理图（3）··········177

87 双速电动机高低速运行主电路和控制
电路原理图···········178

88 双速电动机高低速运行主电路实物接线图··········179

89 双速电动机高低速运行控制电路实物接线图·······180

90 双速电动机低速启动高速运行控制电路原理图和
实物接线图···········181

91 主电动机故障备用电动机自启动主电路和
控制电路原理图···········182

92 主电动机故障备用电动机自启动控制电路
实物接线图···········183

93 单按钮控制电动机正反转主电路和控制
电路原理图···········184

第5章

变频器电路实物接线图

1 变频器面板 ································· 186

2 台达变频器端子介绍 ······················· 187

3 变频器的制动电阻 ························· 188

4 变频器间歇控制实物接线图 ················· 189

5 变频器外部端子控制正反转实物接线图（1）······· 190

6 变频器外部端子控制正反转实物接线图（2）······· 191

7 台达变频器异地控制实物接线图 ················· 192

8 台达变频器外接频率表 ······················· 193

9 三按钮正反转变频器实物接线图 ················· 194

10 台达变频器多段速控制实物接线图 ·············· 195

11 台达变频器工频/变频切换电路原理图 ·········· 196

12 工频变频/切换主电路实物接线图 ················· 197

| 视频 |
| 页码 |
| 186, 187 |
| 190, 195 |
| 199, 200 |
| 204 |

13 工频/变频切换控制电路实物接线图 ················ 198

14 变频器启保停控制实物接线图 ················· 199

15 台达变频器递增和递减指令 ················· 200

16 变频器恒压供水实物接线图 ················· 201

17 中间继电器自锁控制变频器实物接线图 ················ 202

18 台达变频器双频率切换电路实物接线图 ·············· 203

19 台达变频器VFD-M常见参数一览表（1）········· 204

20 台达变频器VFD-M常见参数一览表（2）········· 205

21 台达变频器VFD-M常见参数一览表（3）········· 206

22 台达变频器VFD-M常见参数一览表（4）········· 207

23 台达变频器VFD-M常见参数一览表（5）········· 208

24 台达VFD-M变频器常见故障诊断说明 ·············· 209

第6章

实际应用电路实物接线图

1 指示灯实物接线图 ························· 212

2 简易双电源切换实物接线图 ················· 213

3 中间继电器控制双电源切换实物接线图 ·············· 214

4 时间继电器自锁实物接线图 ················· 215

| 视频 |
| 页码 |
| 212, 213 |
| 215, 216 |
| 217, 218 |

5 断电延时时间继电器实物接线图 ················· 216

6 循环时间继电器实物接线图 ················· 217

7 温控仪低启高停实物接线图 ················· 218

8 温控仪低停高启实物接线图 ················· 219

9 温控仪手动/自动切换电路实物接线图·················220

10 温控仪与固态继电器实物接线图·················221

11 缺相保护电路实物接线图·················222

12 两线接近开关实物接线图·················223

13 三线接近开关实物接线图·················224

14 三线接近开关和固态继电器实物接线图·············225

15 三线传感器式接近开关触发报警实物接线图·······226

16 五线制接近开关实物接线图·················227

17 安全光栅实物接线图·················228

18 光电开关控制电动机启停实物接线图·············229

19 计数器实物接线图·················230

20 电加热管实物接线图·················231

21 加热管的星接和角接·················232

22 五个220V加热管实物接线图·················233

23 判断电加热管好坏的方法·················234

视频
页码

221, 222
223, 224
226, 229
230, 239
241, 242
244, 245

24 三相五线制电源取电实物接线图·················235

25 手机远程遥控开关实物接线图·················236

26 手机远程遥控电动机正反转电路实物接线图·······237

27 电流互感器和电流表的实物接线图·············238

28 万能转换开关与电压表实物接线图·············239

29 遥控开关控制电动机实物接线图·················240

30 三相四线电能表直接式实物接线图·············241

31 互感器式三相电表实物接线图·················242

32 三相电动机改为单相供电实物接线图·············243

33 插卡取电开关实物接线图·················244

34 直观法、替换法、短接法排查故障·············245

35 电压法排查电路故障·················246

36 电阻法排查电路故障·················247

37 摸零线会触电吗？·················248

第 1 章

常见电气元器件

1 控制按钮（1）

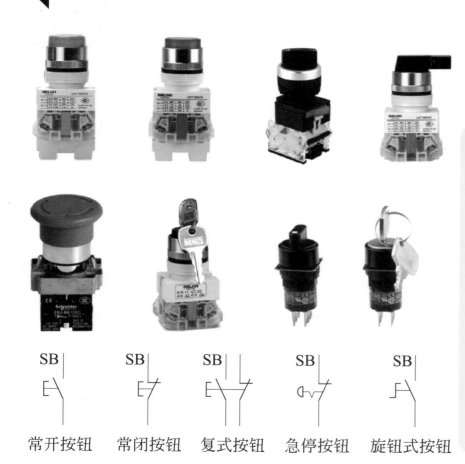

SB 常开按钮
SB 常闭按钮
SB 复式按钮
SB 急停按钮
SB 旋钮式按钮

控制按钮

电器上的NO和NC

　　控制按钮是一种小电流的主令电器，用于手动控制线路的分断和接通，它的结构分为：按钮帽、动触点、静触点、复位弹簧、卡扣件、防尘底盖等。种类比较多，常见的有自复位式按钮开关、自锁式按钮开关、旋钮式开关、旋柄式开关、蘑菇头式开关、带指示灯的按钮开关、带钥匙的旋钮开关等。

　　控制按钮在电气控制电路中应用非常广泛，可以完成点动、启动、停止、正反转、调速、调频、切换等基本控制。我们常见的控制按钮都有两组触点，一组是常开触点，一组是常闭触点。手动操作时，两组触点同时工作，常开触点闭合、常闭触点断开。触点的容量很小，一般不超过 5A，其颜色有红、绿、黑、白、蓝等以示区分，如红色按钮一般为停止按钮，绿色按钮一般为启动按钮。

② 控制按钮（2）

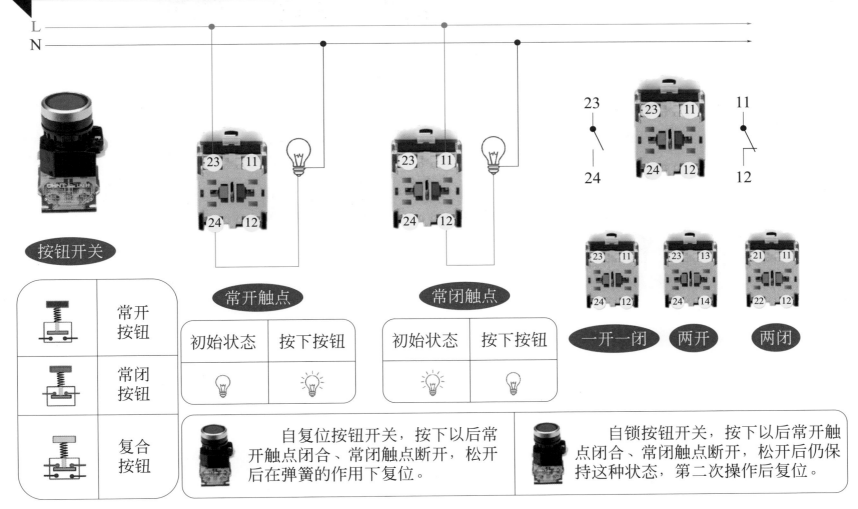

按钮开关

⊥	常开按钮
⊤	常闭按钮
	复合按钮

常开触点

初始状态	按下按钮
💡	💡

常闭触点

初始状态	按下按钮
💡	💡

一开一闭　两开　两闭

自复位按钮开关，按下以后常开触点闭合、常闭触点断开，松开后在弹簧的作用下复位。

自锁按钮开关，按下以后常开触点闭合、常闭触点断开，松开后仍保持这种状态，第二次操作后复位。

③ 空气开关

断路器

断路器C和D

电机启动跳闸

黄绿红为火线
蓝色为零线

　　空气开关是最基础、最常见的低压断路器，又叫小型断路器、微型断路器，可用来接通和分断负载电路，也可用来控制不频繁启动的电动机设备。在电路中的应用非常广泛，具有过载和短路保护功能。组成部分有：操作机构、触点、保护装置、灭弧系统、外壳等。当电路中发生过载时，脱扣器的双金属片发热弯曲，顶动连杆动作，触点断开。当电路中发生短路时，脱扣器的电磁吸力增加，吸引衔铁带动连杆动作，触点断开。常见的空气开关有单P、单P+N、双P、3P、4P，单P的空气开关只控制火线的通断，双P的空气开关同时控制火线和零线的通断。有N标注的空开，N的位置必须接零线。

❹ 漏电保护器

空气开关和漏电
保护器

黄绿红为火线
蓝色为零线

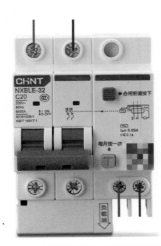

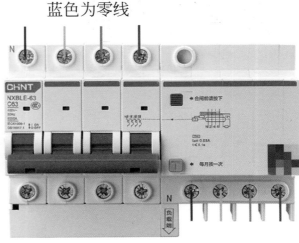

　　漏电保护器，简称"漏保"，可用来接通和分断负载电路。常见的漏电保护器都是空气开关加漏电保护装置，所以它有空气开关的过载和短路保护，同时还有漏电保护。漏电保护器主要包含零序电流互感器、放大器、比较器、脱扣器、执行元件等。漏保正常工作时，通过线圈的电流平衡，磁场相互抵消；当发生漏电故障时，电流不再平衡，感应线圈感应出电流，产生电磁吸力带动脱扣器动作。常见的漏电保护器漏电电流达到 30mA 就会跳闸，跳闸时间≤0.1s。漏保上有 N 标注时，N 的位置必须接零线。双 P 漏保同时控制火线和零线的通断，可以左零右火，也可以左火右零，没有硬性要求。

⑤ 指示灯

指示灯在电路中用作状态指示，比如运行、停止、故障等指示，常见颜色有红、绿、黄、蓝、白。电气符号HL，图形符号⊗。

红色指示灯：电源指示、运行指示、危险异常指示，电气符号HR、HL。

绿色指示灯：电源指示、正常或安全、准备启动、开关断开，电气符号HG、HL。

黄色指示灯：电源指示、警告、小心，电气符号HY、HL。

内部灯芯

—— 灯罩

—— 紧固部件

—— 绝缘外壳

—— 触点

—— 防尘盖

常见电压等级有12V、24V、220V、380V

蓝色指示灯：必须遵守的指令信号，电气符号HB、HL。

白色指示灯：电路接通，工作正常，无特定含义，电气符号HW、HL。

内部灯芯

通电内部灯芯亮，断电熄灭。

6 熔断器

 FU

分类
瓷插式熔断器
螺旋式熔断器
封闭式熔断器
快速熔断器
自复式熔断器

熔断器的工作原理：利用金属导体作为熔体串联于电路中，当线路中过载或短路时，电流变大，熔体发热熔断，从而切断电路，对用电设备和导线起保护作用。

熔断器的选用：熔断器类型、额定电压、额定电流及熔体的额定电流综合考虑，确定了熔体的规格再选熔断器；熔断器的额定电流大于或等于熔体的额定电流。熔体额定电流的选择可参考线路中的总电流，额定电流选小了，用电设备不能正常工作，额定电流选大了，有短路保护没有过载保护，还要确保线路中出现尖峰电流时不熔断。选用技巧可参考以下几点。

（1）家用电路中，熔体的额定电流应稍大于电路中所有负载工作时的总电流。

（2）单台电动机线路中，熔体的额定电流应为电动机额定电流的 1.5 ~ 2.5 倍，电动机带轻型负载或工作时间较短，可以选择 1.5 倍，电动机带重型负载或长时间工作时，可以选择 2.5 倍。

（3）多台电动机线路中，最大功率的电动机的额定电流的 1.5 ~ 2.5 倍，加上其他电动机额定电流之和，就是要选的熔体的额定电流。

（4）为了防止越级熔断，上一级额定电流应大于下一级额定电流。

⑦ 交流接触器

交流接触器　区分常开和常闭

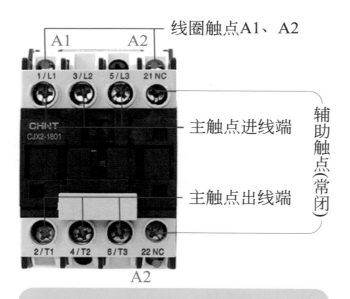

线圈触点A1、A2

A1　A2

1/L1　3/L2　5/L3　21 NC

CHNT
CJX2-1801

主触点进线端

主触点出线端

辅助触点(常闭)

2/T1　4/T2　6/T3　22 NC

A2

交流接触器是一种电磁式自动开关，主要由四部分组成：电磁系统、触头系统、灭弧罩、外壳及附件。电磁系统包含线圈触点、动铁芯和静铁芯，触头系统包含主触点和辅助触点，容量大的交流接触器都有灭弧装置，可以迅速切断电弧，防止触点被烧坏。

工作原理：交流接触器线圈通电时会产生电磁吸力，吸引动铁芯动作，动铁芯动作时会带动主触点和辅助触点，主触点闭合，辅助常开触点闭合，辅助常闭触点断开。当线圈断电时，电磁吸力消失，动铁芯在复位弹簧的作用下恢复原位，主触点断开，辅助触点复位。

交流接触器的触点分为三部分：主触点、辅助触点、线圈触点，主触点控制主电路的通断，辅助触点和线圈触点控制二次回路的通断。为了方便接线，大多接触器都有两个 A2 触点，触点内部是连通在一起的，功能一样。

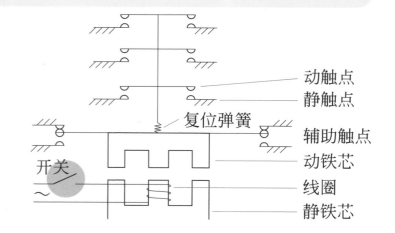

动触点
静触点
复位弹簧
辅助触点
动铁芯
开关
线圈
静铁芯

8 交流接触器实物接线图

A

B

C

N

控制元件

控制元件

交流接触器
线圈电压为
220V，控制
电路为220V
控制电路

A1　　A2

1/L1　3/L2　5/L3　21NC

CHNT
CJX2-1801

2/T1　4/T2　6/T3　22NC

A2

负载

A1　　A2

1/L1　3/L2　5/L3　21NC

CHNT
CJX2-1801

2/T1　4/T2　6/T3　22NC

A2

负载

交流接触器
线圈电压为
380V，控制
电路为380V
控制电路

9 交流接触器线圈电压图解

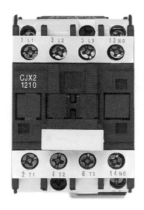

交流接触器的型号包含很多信息，以 CJX2-8011 为例：

CJ——交流接触器；

X2——接触器设计代号；

80——接触器额定电流 80A；

11——辅助触点的个数，前 1 为一组辅助常开触点；后 1 为一组辅助常闭触点

如图所示：

CJX2-1210 有一组辅助常开触点，CJX2-1801 有一组辅助常闭触点，CJX2-8011 有两组辅助触点，一组常开一组常闭。当控制电路为自锁控制时，选择带辅助常开触点的交流接触器，当控制电路为互锁控制时，选择带辅助常闭触点的交流接触器，辅助触点不够用时，可以增加辅助触头。

220V是线圈电压，50Hz指交流电的频率50赫兹。

M5的含义：M代表220V，5代表50Hz，字母对应电压，数字对应交流电的频率。

常见的字母有：B——24V、C——36V、D——42V、E——48V、F——110V、M——220V、P——230V、U——240V、Q——380V、V——400V、R——440V、S——500V、Y——660V

5——50Hz

6——60Hz

7——50Hz/60Hz

⑩ 中间继电器

52P小8脚　62P大8脚　53P小11脚　54P小14脚
两开两闭　两开两闭　三开三闭　四开四闭

中间继电器　　中间继电器
　　　　　　　　电压等级

　　中间继电器和交流接触器工作原理是一样的，由静铁芯、动铁芯、复位弹簧、触点、线圈、外壳及附件等组成。线圈通电时静铁芯产生电磁吸力，吸引动铁芯运动，动铁芯联动触点动作，常开触点闭合，常闭触点断开。线圈断电时，在复位弹簧的作用下，触点复位。结构上的区别是，中间继电器不区分主、辅触点，由公共触点、常开触点、常闭触点组成。触点数量比较多，常见的有 8 脚、11 脚、14 脚，对应触点为两开两闭、三开三闭、四开四闭。触点的容量比较小，一般为 3A、5A、10A，主要用于逻辑控制，负载能力比较小。

8脚中间继电器

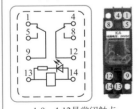

1-9、4-12是常闭触点
5-9、8-12是常开触点
13-14是线圈(直流)13-、14+
(交流)13、14

线圈　　　常开触点　　常闭触点

中间继电器的作用

（1）代替小型交流接触器。不超过额定电流的前提下，在一些小电流电路中，中间继电器可以代替小型交流接触器。

（2）开关的作用。在控制电路中，一些电气元件或负载的通断，可以用中间继电器的常开、常闭点控制。

（3）弱电控强电。比如可以用线圈电压 24V 的中间继电器控制线圈电压 220V 的交流接触器。

（4）增加触点数量。中间继电器触点比较多，可以实现多组控制。

（5）增加触点容量。

（6）转换接点。

（7）消除电路中的干扰。

⑪ 中间继电器实物接线图

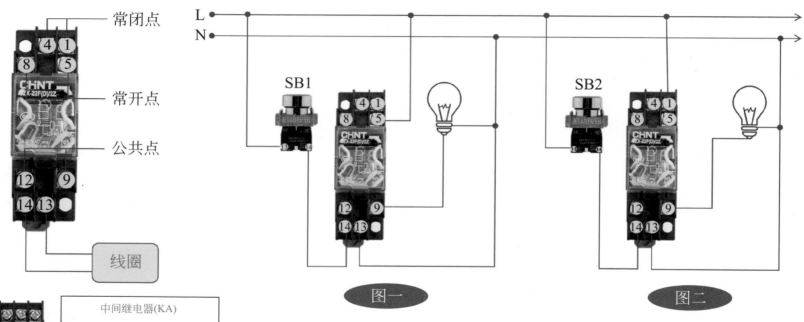

常闭点

常开点

公共点

线圈

SB1

SB2

图一

图二

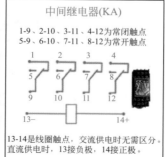

中间继电器(KA)

1-9、2-10、3-11、4-12为常闭触点
5-9、6-10、7-11、8-12为常开触点

13-14是线圈触点，交流供电时无需区分。
直流供电时，13接负极，14接正极。

接线如图所示，图一电路中，按下自复位按钮SB1，中间继电器线圈得电，常开触点闭合，灯泡发光；松开按钮灯泡熄灭。图二电路中，灯泡发光，按下自复位按钮SB2，中间继电器线圈得电，常闭触点断开，灯泡熄灭；松开按钮SB2，常闭触点复位，灯泡发光。

⑫ 时间继电器

时间继电器

时间继电器是电气控制里最常见的一种控时电气元件。根据原理的不同，时间继电器分为空气阻尼式时间继电器、电动式时间继电器、电磁式时间继电器、电子式时间继电器等。根据延时方式的不同，又分为通电延时型和断电延时型，触点的定义可参考自带接线图。

通电延时：线圈接通电源，瞬时触点立即动作，延时触点延时设定时间才动作；线圈断电，所有触点立即复位。

断电延时：线圈接通电源，所有触点立即动作；线圈断电，瞬时触点立即复位，延时触点延时设定时间后复位。

以最常见的通电延时型JSZ3系列为例

线圈电压：
交流(50/60Hz)：12V、24V、36V、110V、220V、380V。
直流：12V、24V、48V。
直流供电时，线圈接线注意区分正负极。

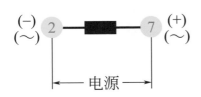

四种刻度盘供选择

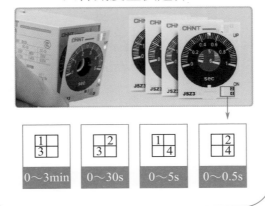

| 0～3min | 0～30s | 0～5s | 0～0.5s |

不同型号对应不同的延时范围

型号	代号	延时范围
JSZ3A-A	A	0.05～0.5s/5s/30s/3min
JSZ3A-B	B	0.1～1s/10s/60s/6min
JSZ3A-C	C	0.5～5s/50s/5min/30min
JSZ3A-D	D	1～10s/100s/10min/60min
JSZ3A-E	E	5～60s/10min/60min/6h
JSZ3A-F	F	0.25～2min/20min/2h/12h
JSZ3A-G	G	0.5～4min/40min/4h/24h

⑬ 时间继电器延时启动控制照明实物接线图

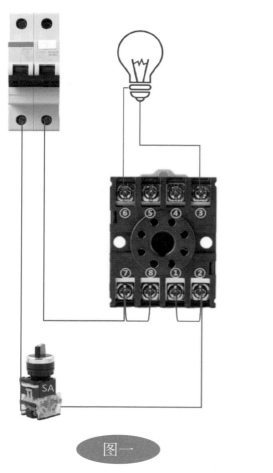

图一

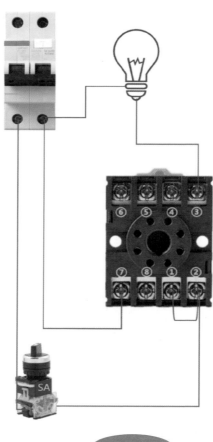

图二

打开旋钮开关SA，时间继电器线圈得电，假设设定的时间是3min，延时时间到达，常开触点闭合，灯泡发光。图一用了两组常开点，同时控制火线和零线。图二用了一组常开点，只控制火线。两种接法均可实现延时启动控制。

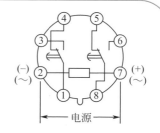

电源

2和7是线圈，接电源；1和3是延时闭合触点，1和4是延时断开触点，6和8是延时闭合触点，5和8是延时断开触点。

14 时间继电器延时停止控制照明实物接线图

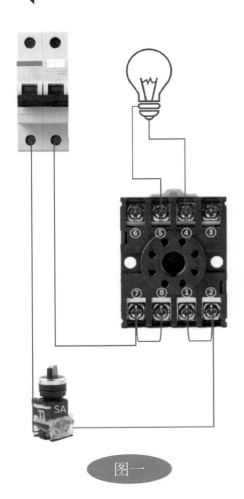

图一

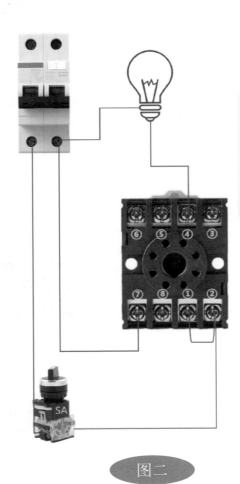

图二

　　打开旋钮开关 SA，时间继电器线圈得电，假设设定时间为 1h，灯泡发光 1h 后自动熄灭。延时启动控制接常开触点，延时停止控制接常闭触点，到达设定时间，常开触点闭合，常闭触点断开。

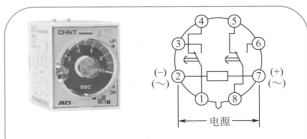

　　2和7是线圈，接电源；1和3是延时闭合触点，1和4是延时断开触点，6和8是延时闭合触点，5和8是延时断开触点。

⑮ 固态继电器

固态继电器

　　固态继电器 (SSR) 是由电子电路组成的无触点开关，用隔离器件实现了控制端与负载端的隔离。固态继电器的输入端用微小的控制信号，输出端可连接大电流负载，常用于弱电控制强电。固态继电器分为直流控交流、交流控交流、直流控直流。根据控制端电源的不同，又分为单相固态继电器和三相固态继电器。当输入端加载合适的电压时，输出端导通；输入端断电，输出端触点截止。

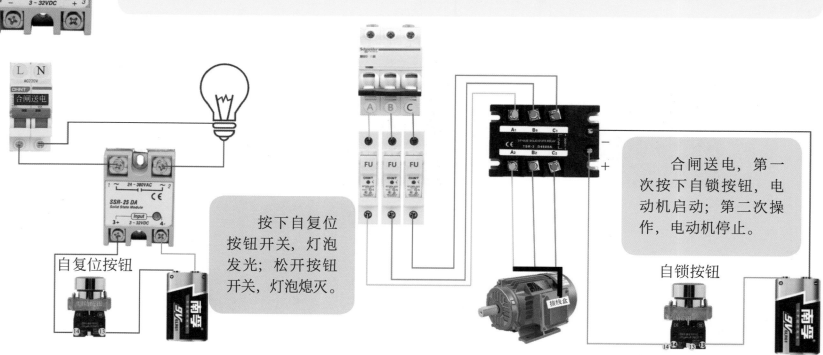

按下自复位按钮开关，灯泡发光；松开按钮开关，灯泡熄灭。

合闸送电，第一次按下自锁按钮，电动机启动；第二次操作，电动机停止。

自复位按钮

自锁按钮

16 液位继电器

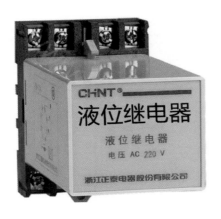

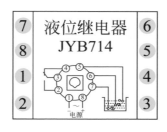

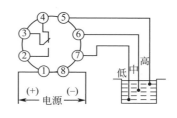

液位继电器触点介绍：1-8是线圈接电源，5/6/7分别接高、中、低液位探头，2/3/4是一组继电器输出，3是公共端，2和3是一组常开触点，4和3是一组常闭触点。

　　液位继电器工作原理：液位继电器有3个液位探头，分别对应高、中、低三个液位。当液位在低液位及以下时，第一个三极管的基极为低电平，此时三极管为截止状态。第二个三极管的基极有足够的电流为导通状态，此时电流从集电极流向发射极，继电器线圈得电吸合，继电器的常开触点2和3闭合，外接的交流接触器线圈得电，水泵开始工作。当液位到达高液位时，高和中两个液位探头导通，第一个三极管的基极饱和导通，第二个三极管的基极为低电平，为截止状态，继电器线圈失电，2和3断开，接触器失电，水泵停止。

⑰ 浮球开关

浮球开关　　浮球开关的接线

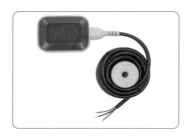

内部结构

　　浮球开关是一种通过液位控制来实现供水和排水的开关，结构非常简单，无需外接电源，一组常开触点一组常闭触点，供水排水都是通过浮球所在液位来实现自动控制。浮球开关内部有个金属球，浮球上浮或下坠时金属球会移动，金属球的移动会带动微动开关动作，常开触点闭合，常闭触点断开。三根导线三种颜色，一根是公共线，一根是供水线，一根是排水线，不同品牌的浮球开关导线的颜色定义不同，请参考对应的说明书。如果说明书丢了，可以用万用表测量，具体步骤是：把浮球自然下坠，此时模拟的是低水位，用万用表的蜂鸣挡测量三根导线，两根导通的接负载，此为供水电路的接法。把浮球开关头朝上，此时模拟的是高水位，测量三根导线，有两根导通的接负载，此为排水电路的接法。

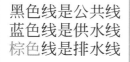

黑色线是公共线
蓝色线是供水线
棕色线是排水线

供水接黑蓝线

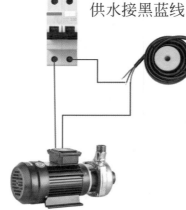

排水接黑棕线

水泵功率较大时需要加装交流接触器

18 热过载继电器

热继电器

热继电器的接线

热继怎样调电流

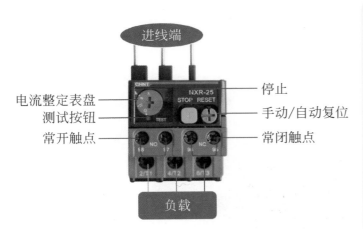

电流整定表盘
测试按钮
常开触点

进线端
停止
手动/自动复位
常闭触点

负载

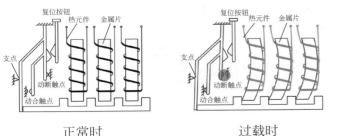

复位按钮 热元件 金属片
支点
动断触点
动合触点
正常时

复位按钮 热元件 金属片
动断触点
动合触点
过载时

　　工作原理：热过载继电器是利用电流热效应推动动作机构，从而切断控制电路，进而切断主电路的一种保护电气元件，一般用作电机的过载保护。热过载继电器又叫热继电器，型号和样式有多种，有的热继电器有缺相保护、三相电流不平衡保护。当电机工作时，出现过载或故障，导致工作电流急速增大，热继电器的热元件急速发热，温度越高，双金属片弯曲越明显。弯曲的双金属片推动动作机构动作，常闭触点断开、常开触点闭合。过载电流越大，动作时间越快，从而保护电机不被烧坏。热继电器的合理使用直接影响电机设备的安全运行，注意事项有以下几点。

　　（1）使用条件要明确。频繁启停及反接制动电路不宜加热继电器。

　　（2）电流的整定值要设置准确。整定值太大不起作用，整定值太小电机无法运行，一般为 0.95 ～ 1.15 倍的电机的额定电流。轻载时选小，重载时选大，一般情况下整定电流值等于电机的额定电流。

　　（3）连接触点要紧密。防止因接触不良造成的发热，而产生误动作。

　　（4）过载故障后要检查。确保热继电器完好方可再次使用。

　　（5）复位方式要合理。现场无人时打到手动复位，防止故障后自动复位，电机再次启动。

⑲ 热过载继电器实物接线图

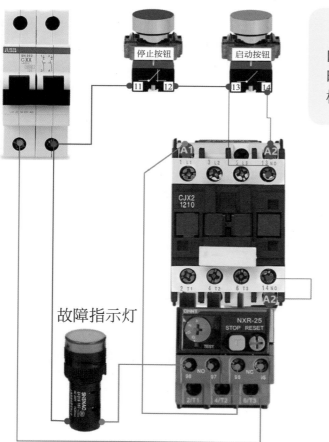

热继电器有一组常闭触点 95 和 96、一组常开触点 97 和 98。常闭触点串联在控制线路中，一般串接交流接触器的线圈，当电机过载时热继电器跳闸，常闭触点 95 和 96 断开，交流接触器线圈失电，电机停止运行。常开触点可以接报警或故障指示，也可以不接。

故障指示灯

电气符号：FR

NC：95-96
NO：97-98

热元件 常开触点 常闭触点

20 电动机综合保护器

　　电动机综合保护器是一种以电子为基础的保护仪器，通过电流互感器检测电路中的三相电流，与设置数值的分析比对，判断线路中是否过载、缺相、过欠压、三相不平衡等，其保护功能比较全面，在电气控制领域应用非常广泛。以常见的JD-5为例，设置好延时启动和整定电流值，三根电源线分别穿过三个互感器孔，有四个出线端子，1和2是线圈接电源，3和4是一组常闭触点，串联到控制回路中，当电路异常时保护器跳闸，常闭触点断开，切断控制回路，从而断开主电路。

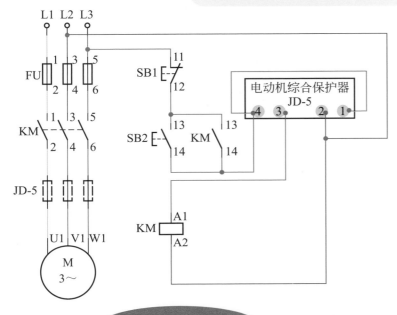

AC380V接线

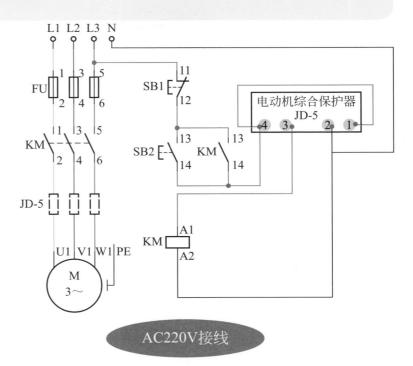

AC220V接线

21 断相与相序保护继电器

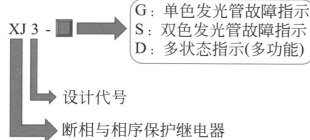

G：单色发光管故障指示
S：双色发光管故障指示
D：多状态指示(多功能)

XJ 3 - ▢

设计代号

断相与相序保护继电器

工作原理及作用

断相与相序保护继电器工作原理：以常见 XJ3-G 型为例，当三相电源相序正确时，经阻容元件降压后的电压最大，此电压驱动执行机构动作，继电器工作，常开触点闭合，常闭触点断开。缺相或相序错误时，经阻容元件降压后的电压很小，不足以推动执行机构，继电器不工作。

XJ3-G 型继电器的作用：断相保护、相序保护、三相电压不平衡保护，个别型号还有过欠压保护。

断相与相序保护继电器的常开触点串接到控制回路，常闭触点一般接报警指示，正常工作时指示灯亮，常开触点闭合控制回路导通，常闭触点断开报警指示不工作。当出现相序错误、缺相、三相电压不平衡时指示灯不亮，常开触点复位切断控制回路，从而切断主电路，电机停止。同时常闭触点复位接通报警指示回路，报警器或指示灯工作。

22 辅助触头

辅助触头

　　常见的交流接触器都自带一组辅助触点，一组常开触点或一组常闭触点。个别型号带一开一闭，极少数接触器带多组辅助触点，当我们接复杂电路时，经常会遇到辅助触点不够用的情况，这个时候可以给交流接触器加辅助触头。辅助触头直接卡到接触器上面与接触器联动，接触器吸合时，辅助触头的常开触点闭合、常闭触点断开。

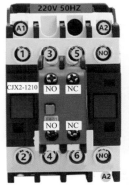

加装辅助触头的接触器

F4-11

F：辅助触头
4：顶装式　　　型号
1：一组常开触点
1：一组常闭触点
NO：常开触点
NC：常闭触点
53-54：常开触点
61-62：常闭触点

F5-T4

F5：型号
延时辅助触头
T0延时：0.1～3s
T2延时：0.1～30s
T4延时：10～180s
延时时间通过旋钮来调节。

㉓ 行程开关

行程开关

行程开关是一种小电流的位置开关，也叫限位开关，其结构和作用与按钮开关类似，按钮开关需要手动操作，行程开关则是通过机械碰撞带动触点动作。行程开关包含两组触点：一组常开触点和一组常闭触点，当行程开关碰撞动作时，常开触点闭合、常闭触点断开，用于限位或行程。行程开关常用于电动葫芦、行车、自动往返的循环小车等的控制电路中。按结构分为：直动式、滚轮式、微动式、组合式等。

NO：常开触点
NC：常闭触点

常开触点：3和4
常闭触点：1和2

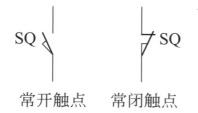

常开触点　　常闭触点

常开接线

动作时导通

进线　　　出线

常闭接线

动作时断开

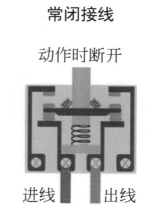

进线　　　出线

24 开关电源

开关电源

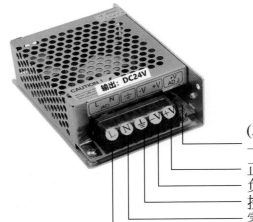

(ADJ)电压微调，一般调节范围±10%
正极输出
负极输出
接地
零线输入
火线输入

开关电源有两种：一种是直流开关电源，一种是交流开关电源。常见的一般为直流开关电源，直流输出有 5V、12V、24V。开关电源广泛应用于工控设备、通信设备、电力设备、仪器仪表、医疗设备、半导体制冷制热、视听产品、安防监控等领域，主要用作传感器、PLC、指示灯等电气元件的供电电源。

变压器 3个电容
LED指示灯
可调电压
安全保护盖

双电容 滤波器

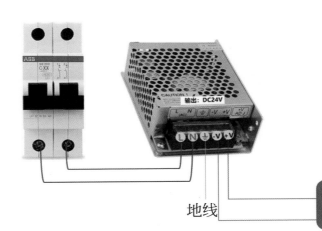

地线

DC24V负载

25 时控开关

时控开关

时控开关的设置
及接线

时控开关的两种
接法

　　时控开关又叫微电脑时控开关，是由电子电路和微处理器组成的一个开关控制装置。可以设置多组开和关的时间，时间可以精确到一周的某一个时间点。我们可以通过时控开关的时控功能，对一些负载开启和关闭，实现简单的智能化控制，它是比较常见的一种时控电器件。

接线注意事项：如上图所示，火线之间有开关，零线之间是直通的，所以接线时，切勿把火线和零线接反，常见开关都是控制火线的通和断。

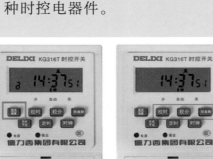

第一步，解除锁定：按4次取消/恢复键，"a"消失，解除锁定状态。

第二步，校时：按校时、校分、校星期，可以把时间校正为北京时间。

第三步，定时：按一下定时，出现1开，这是第一组开的时间，按校时、校分、校星期设定时间。如果设定的时间有误，可以按取消键取消掉，然后重新操作。

第四步，定时：再按一下定时，出现1关，这是第一组关的时间，按校时、校分、校星期设定时间。继续按定时，可以设置下一组时间，设定完成后按下时钟键返回时钟界面。

第五步，手自动切换：在设定时间内，可以按下手动/自动切换键，实现手动控制负载的开和关。

26 时控开关实物接线图

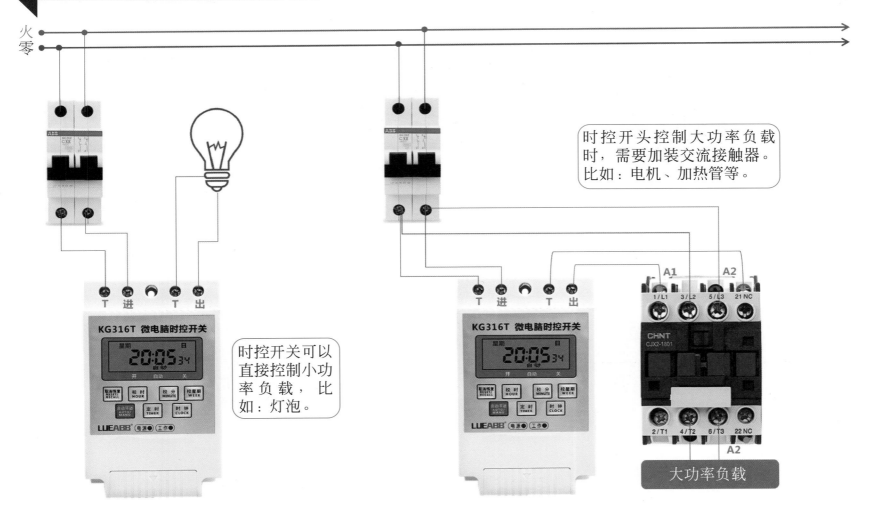

火
零

KG316T 微电脑时控开关

KG316T 微电脑时控开关

时控开关可以直接控制小功率负载，比如：灯泡。

时控开头控制大功率负载时，需要加装交流接触器。比如：电机、加热管等。

大功率负载

27 万能转换开关

常见万能转换开关有 1 节、2 节、3 节、4 节、5 节、6 节等，6 节以上比较少见，而且点位组合可以定做，所以应用非常广泛。

YH2/2四挡		空挡	U_{AB}	U_{BC}	U_{CA}
X为通	挡位 触点	0°	90°	180°	270°
一节	1-2				X
	3-4		X		
二节	5-6		X	X	
	7-8			X	X

如上图所示，打到空挡时所有触点都断开，打到U_{AB}挡时3-4、5-6接通，打到U_{BC}时5-6、7-8接通，打到U_{CA}时1-2、7-8接通。

万能转换开关是由多组结构相同的触点组合而成的多回路控制开关。特点是：触点多、切换挡位多、绝缘良好、转换灵活、安全可靠等，操作一次可以实现多组命令的控制（切换）。常用于电流表、电压表的换相开关，小型电机的启动、停止、正反转切换开关，配电装置的转换开关等。根据操作方式的不同，分为定位型、自复型、定位自复型，根据转换角度的不同，分为30°、45°、60°、90°等。

常见型号：LW2、LW4、LW5、LW6、LW8、LW12、LW15、LW16、LW26、LW30、LW39、CA10、HZ5、HZ10、HZ12 等。

常见电流（A）数：25A、32A、40A、63A、80A、100A。

28 温控仪

智能温控仪是调控一体化智能温度控制仪表，通过温度传感器对环境温度进行采样、监控，当环境温度达到设定温度时触点动作，可以设置控制回差。温度继续上升，达到设定的超限报警温度时，会触发报警功能，以防设备继续工作而损坏。温度传感器一般为热电偶或热电阻，使用时注意匹配合适的型号。热电偶是一种感温元件，可以直接测量温度，并把温度信号转化成热电动势信号，在电气仪表上显示出来。热电阻大多由纯金属制成，常用材料有铜、铂、镍、锰和铑等，热电阻的阻值随温度变化而变化，然后把电阻信号传递给控制设备或电气仪表。

输出指示灯 —— OUT1 —— PV —— 测量温度值
PID演算指示灯 —— AT —— SV
报警指示灯 —— ALM1 —— 设定温度值
报警指示灯 —— ALM2
位移键 —— 减少键
参数设置 —— 增加键
REX-C100

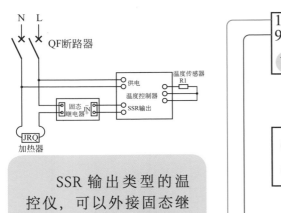

SSR 输出类型的温控仪，可以外接固态继电器。

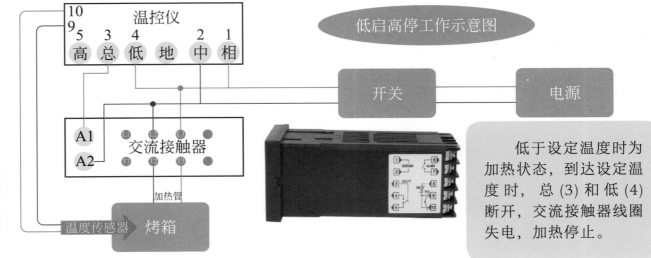

低启高停工作示意图

低于设定温度时为加热状态，到达设定温度时，总(3)和低(4)断开，交流接触器线圈失电，加热停止。

29 温度变送器

温度变送器

温度变送器是一种将温度变量转换为可传送的标准化输出信号的元件。如图中所示温度传感器的型号为 Pt100，温度传感器在不同温度下阻值会发生变化，温度变送器的作用就是把变动的电阻信号转化成仪表可识别的电流信号，从而在仪表上显示。

注意事项：

（1）供电电源要稳定，避免电压波动较大损坏变送器。

（2）变送器的校准应在通电 5min 后开始。

（3）干扰严重的情况下，变送器外壳要做接地处理。

（4）温度变送器每 6 个月要校准一次。

数据显示不准确？
① 线路长，信号衰减。
② 线路阻抗不匹配。
③ 干扰严重。

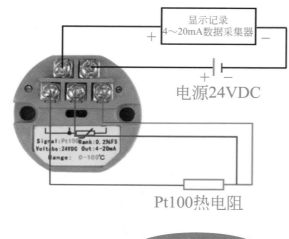

电流型

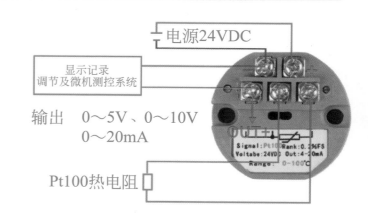

输出　0～5V、0～10V
　　　0～20mA

电压型

㉚ 电接点压力表

水压
气压
液压
油压

电接点压力表

黄线为公共线
绿线对应下限
红线对应上限

不同品牌的电接点压力表，导线颜色的定义也不相同，以实际颜色为准。

绿色/红色　上下限设定

红色指针：上限值
绿色指针：下限值
黑色指针：实际值

　　电接点压力表广泛应用于石油、化工、电力、机械等工业部门，仪表和相应的电气元件（交流接触器、中间继电器、变频器等）连接，间接控制负载，即可实现压力系统的自动控制。电接点压力表上的 MPa 是压强单位，压强的单位是帕斯卡，简称帕，MPa 指兆帕，$1MPa = 1000000Pa$。我们常说的多少公斤压力指 kgf/cm^2，而压力表上常标的是 MPa。$1kgf/cm^2 = 9.8N/0.0001m^2 = 98000Pa = 98kPa = 0.098MPa$，取近似值 $1MPa = 10kgf/cm^2$。

　　工作原理：使用前需设置好上限和下限，当压力变化时，黑色指针随压力摆动，在上限和下限之间时触点无输出。当黑色指针在下限以下时，黄色公共线与绿线接通、与红线为断开状态，此时负载（如水泵等）开始工作。压力慢慢上升，当压力超过上限位时，黄线与红线接通，负载停止工作。

31 智能压力开关

智能压力开关采用高精度、高稳定性能的压力传感器和变送电路，实现对介质压力信号的检测、显示、报警和控制信号输出。广泛应用于石油、化工、冶金、电力等领域，是一种智能化测控仪表，应用场景有水压、液压、油压、气压，可实现高压停止低压启动、高压启动低压停止、延迟控制等。

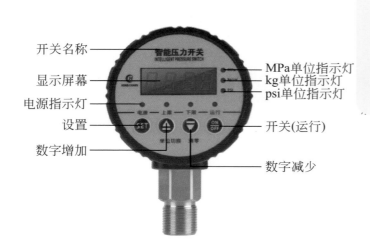

开关名称

显示屏幕

电源指示灯

设置

数字增加

MPa单位指示灯
kg单位指示灯
psi单位指示灯

开关(运行)

数字减少

接线说明图

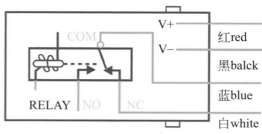

V+　红red

V−　黑balck

　　蓝blue

　　白white

RELAY　NO　NC　COM

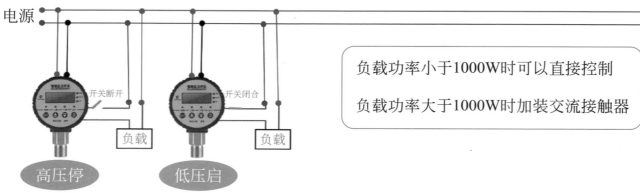

电源

开关断开　　　开关闭合

负载　　　　　负载

高压停　　　低压启

负载功率小于1000W时可以直接控制

负载功率大于1000W时加装交流接触器

32 控制变压器实物接线图

控制变压器的接线

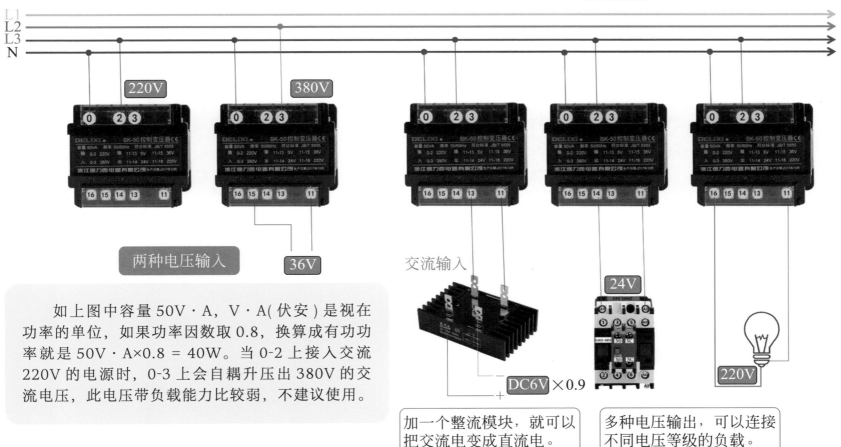

220V

380V

两种电压输入

36V

交流输入

24V

DC6V ×0.9

220V

如上图中容量 50V·A，V·A(伏安) 是视在功率的单位，如果功率因数取 0.8，换算成有功功率就是 50V·A×0.8 = 40W。当 0-2 上接入交流 220V 的电源时，0-3 上会自耦升压出 380V 的交流电压，此电压带负载能力比较弱，不建议使用。

加一个整流模块，就可以把交流电变成直流电。

多种电压输出，可以连接不同电压等级的负载。

33 电气符号

电工必备

常见电工电气图形符号和文字符号

类别	名称	图形符号	文字符号	类别	名称	图形符号	文字符号
开关	单极控制开关		SA	位置开关	常开触点		SQ
	手动开关一般符号		SA		常闭触点		SQ
	三极控制开关		QS		复合触点		SQ
	三极隔离开关		QS	按钮	常开按钮		SB
	三极负荷开关		QS		常闭按钮		SB
	组合旋钮开关		QS		复合按钮		SB
	低压断路器		QF		急停按钮		SB
	控制器或操作开关	后　前	SA		钥匙操作式按钮		SB
接触器	线圈操作器件		KM	热继电器	热元件		FR
	常开主触点		KM		常闭触点		FR
	常开辅助触点		KM	中间继电器	线圈		KA
	常闭辅助触点		KM		常开触点		KA

类别	名称	图形符号	文字符号	类别	名称	图形符号	文字符号
时间继电器	通电延时（缓吸）线圈		KT	中间继电器	常闭触点		KA
	断电延时（缓放）线圈		KT	电流继电器	过电流线圈	$I>$	KA
	瞬时闭合常开触点		KT		欠电流线圈	$I<$	KA
	瞬时断开常开触点		KT		常开触点		KA
	延时闭合常开触点	或	KT		常闭触点		KA
	延时断开常闭触点	或	KT	电压继电器	过电压线圈	$U>$	KV
	瞬时断开延时闭合	或	KT		欠电压线圈	$U<$	KV
	瞬时闭合延时断开	或	KT		常开触点		KV
电磁操作器	电磁铁的一般符号	或	YA		常闭触点		KV
	电磁吸盘		YH	电动机	三相笼型异步电动机	$M_{3\sim}$	M
	电磁离合器		YC		三相绕线转子异步电动机	$M_{3\sim}$	M
	电磁制动器		YB		他励直流电动机	M	M
	电磁阀		YV		并励直流电动机	M	M
非电量控制的继电器	速度继电器常开触点	n	KS		串励直流电动机	M	M
	压力继电器常开触点	p	KP	熔断器	熔断器		FU

34 常见电气元件外形及功能

电路中常见电气元件外形、作用及功能（1）

名称	外形	字母符号	图形符号	作用及功能描述
断路器		QF		空气开关，作过载、短路保护 漏电保护器，作过载、短路、漏电保护
熔断器		FU		当线路中的电流超负荷或短路故障时，熔断器熔断，切断电源，起到保护作用
按钮开关		SB	13 14	常用于启动控制设备
		SB	11 12	常用于停止控制设备
交流接触器		KM		主触点，线圈得电时接通主回路电源，用于控制设备的启动和停止
		KM		辅助触点，接入控制回路中以实现设备的多样化控制
		KM	A1 A2	交流接触器的工作线圈，得电时接触器吸合，失电时断开

电路中常出现的电气元件外形、作用及功能（2）

名称	外形	字母符号	图形符号	作用及功能描述
中间继电器		KA		常开触点和常闭触点，可用于控制小电流的负载，也可用于控制其他电气元件
		KA		中间继电器的工作线圈，线圈得电继电器吸合、失电停止，原理和交流接触器相同
热过载继电器		FR		防止电动机过载时长时间运行而烧坏，起过载保护作用
		FR		辅助触点，接入控制回路，电动机过载时触点动作，常闭点断开切断控制回路，常开点闭合可接报警器或指示灯
时间继电器		KT		时间继电器的延时断开触点（常闭触点），时间继电器的延时闭合触点（常开触点）
		KT		通电延时型时间继电器工作线圈，线圈得电后开始计时，时间到达后触点动作
		KT		断电延时型时间继电器工作线圈，线圈得电后触点动作，失电后触点延时复位

电路中常出现电气元件外形、作用及功能（3）

名称	外形	字母符号	图形符号	作用及功能描述
行程开关		SQ		通过机械碰撞来控制电路的通断，一般把常闭触点接入控制回路，当碰撞时常闭触点断开，设备停止
开关电源		UR		本书中出现的开关电源，均为220V交流输入，24V直流输出类型
接近开关		SQ		本书中出现的接近开关，均为电磁式接近开关
电动机		M	U1 V1 W1 M 3~	三相异步电动机，拖动、运行设备
转换开关		SA	11 12 14	常见的有两挡、三挡的转换开关，可以实现切换、多路控制等
		SA	45° 0° 45° 1 2 3 4 5 6 7 8	点位组合方式多种多样，可满足不同的电路需求
		SA	5A 左 0 右 1 2 3 4 5 6 7 8	带钥匙的转换开关，可防止别人误操作

第 2 章

常见电工仪表的使用

① 数字万用表面板和挡位

万用表的NCV挡

万用表经典口诀

万用表的挡位

OFF：关机

hFE　三极管挡

V—　直流电压挡

V～　交流电压挡

Hz　频率挡

A—　直流电流挡

A～　交流电流挡

→|←　二极管挡

•)))　蜂鸣挡

Ω　电阻挡

F　电容挡

品牌和型号 —— 显示屏

切换键/保持键 —— 三极管插孔

功能选择转盘

测大电流时红表笔插孔

红表笔常用插孔（除电流以外）

测小电流时红表笔插孔

黑表笔插孔

② 数字万用表测量电压 ▶▶▶

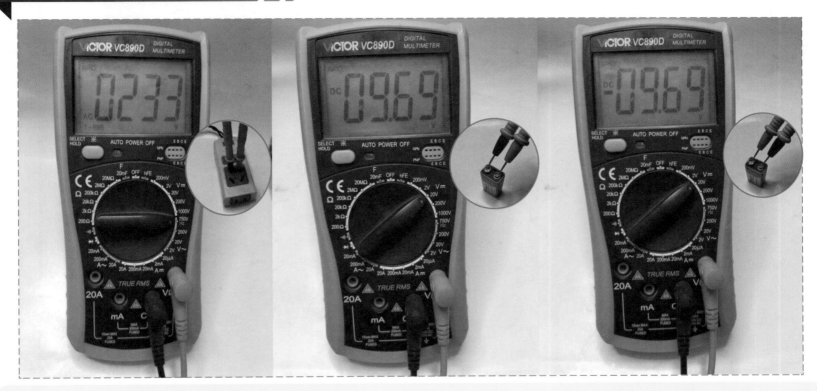

　　万用表测量交流电压：以 AC220V 单相电为例，把万用表打到交流电压挡 750V 的量程，红黑表笔各接触电源的一端，显示实际电压为 AC233V。

　　万用表测量直流电压：以 9V 电池为例，把万用表打到直流电压挡 20V 的量程，红表笔接触电池的正极，黑表笔接触电池的负极，此时读数为 9.69V，调换红黑表笔的位置，此时读数为 -9.69V。

③ 数字万用表测量三极管

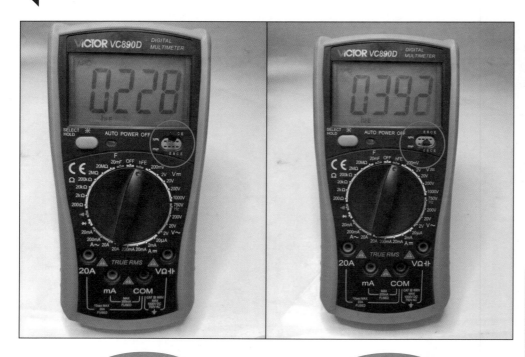

NPN型三极管   PNP型三极管

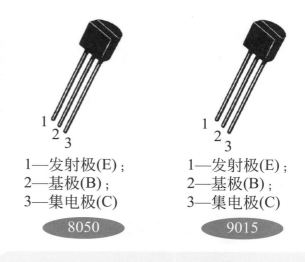

1—发射极(E)；
2—基极(B)；
3—集电极(C)

8050

1—发射极(E)；
2—基极(B)；
3—集电极(C)

9015

图1为NPN型三极管(8050)的测量方法，
图2为PNP型三极管(9015)的测量方法。
三极管的三个引脚，如上图所示，1、2、
3分别对应E、B、C，E为发射极，B为基
极，C为集电极。

④ 数字万用表测量电流

交流电流的测量

如图所示，测量电流时需要把红黑表笔串联到被测线路中，因为回路中的电流都是相同的，所以可以串联到火线上，也可以串联到零线上。

注意事项：
（1）红表笔从常用插孔拔出，插入测电流插孔。
（2）估算线路中的电流，选择合适的量程。
（3）带电操作时，做好绝缘措施。

❺ 数字万用表测量二极管

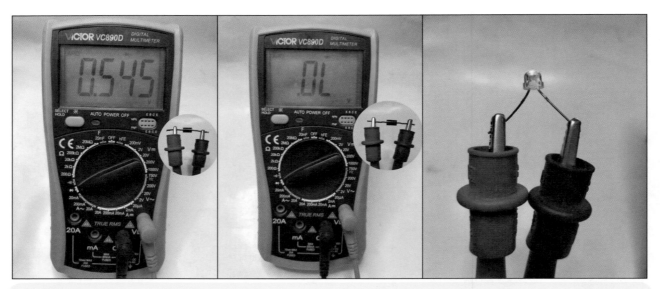

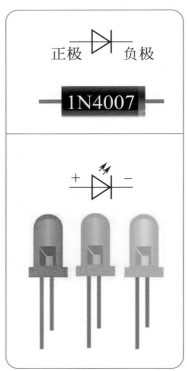

　　常见二极管的特性：正向导通反向截止。红表笔接触二极管的正极，黑表笔接触负极，此时读数为二极管的压降，调换红黑表笔的位置，反向截止，此时读数为无穷大。

　　常见小灯珠（发光二极管）工作电压为 2 ～ 3V，红表笔接正极，黑表笔接负极，可以点亮小灯珠。

⑥ 数字万用表的电阻挡和蜂鸣挡

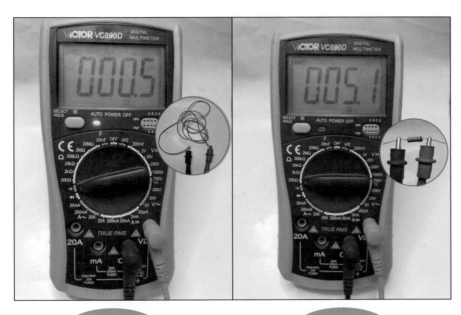

蜂鸣挡测量　　　　　电阻挡测量

　　蜂鸣挡是电阻挡和蜂鸣器组合应用的挡位，所测线路阻值较小，一般 50Ω 以内蜂鸣器会响，超过 50Ω 就不响了。这时候我们可以选择电阻挡，只要所测线路有一定的阻值，也可以说明线路是通的，所以这两个挡位都可以测线路的通断。测量电阻时，如果屏幕左边显示"1"，说明我们的量程选择小了，可以调到更大的量程，如果显示"000"，说明所测阻值较小，而我们选择的量程较大，可以调到小量程再次测量。选择合适的量程，所测误差才会更小。

蜂鸣挡和电阻挡都是断电测量，切勿带电操作。

❼ 数字万用表测量电容

万用表打到"F"电容挡，电容测量之前一定要先放电。

小容量的电容，可以两极快速地碰几下，短接放电。如果容量比较大，可以接到一个负载上，让它慢慢消耗掉。然后用红黑表笔各接触电容的一极，如左图中显示"4.379μF"，所测电容的标注为"4.5μF"，所测电容有 5% 的误差，所以测量的数值是正常的，电容也是完好的。

❽ 数字万用表分辨火线和零线

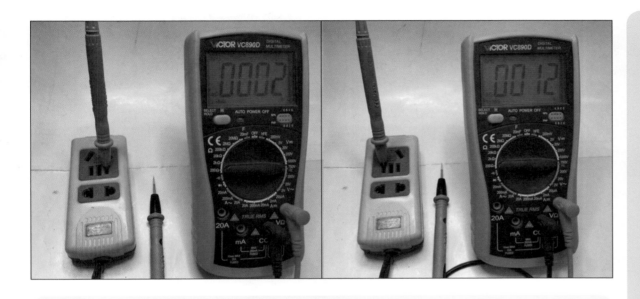

　　万用表交流电压挡最高量程，内部串联有高电阻，可以先用红黑表笔测量一下交流电压，如果读数正常，说明万用表正常。此时可以用手捏住黑表笔，单独用红表笔测量电源两端，显示读数大的一边为火线，显示读数小的一边为零线，手捏黑表笔测量，两边的读数大小较为明显。如左图所示，为黑表笔悬空状态下的测量结果，读数差异较小。

　　显示的读数仅用于参考，读数大的一边，红表笔接触的是火线，读数小的一边，红表笔接触的是零线。

9 电子摇表的使用方法

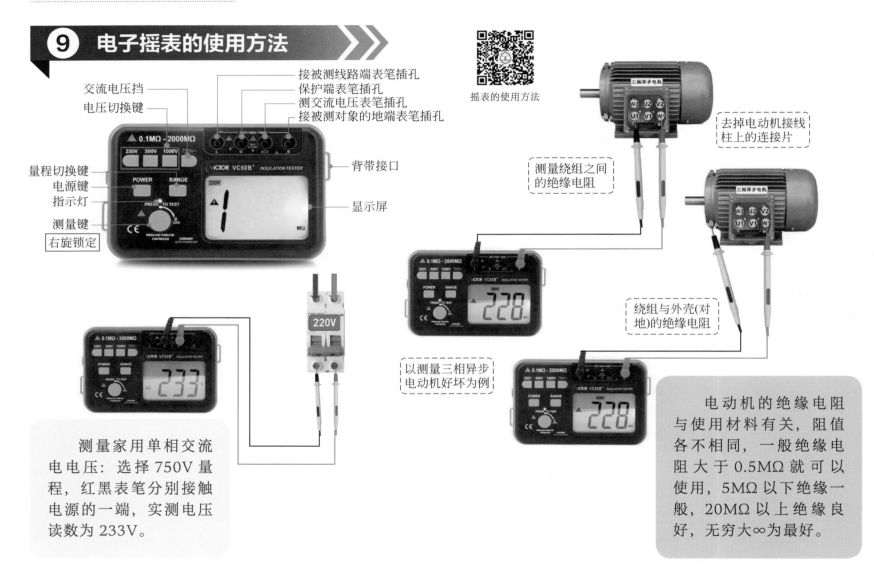

交流电压挡
电压切换键
接被测线路端表笔插孔
保护端表笔插孔
测交流电压表笔插孔
接被测对象的地端表笔插孔

摇表的使用方法

△ 0.1MΩ - 2000MΩ

量程切换键
电源键
指示灯
测量键
右旋锁定

背带接口
显示屏

去掉电动机接线
柱上的连接片

测量绕组之间
的绝缘电阻

以测量三相异步
电动机好坏为例

绕组与外壳(对
地)的绝缘电阻

220V

测量家用单相交流
电电压：选择 750V 量
程，红黑表笔分别接触
电源的一端，实测电压
读数为 233V。

电动机的绝缘电阻
与使用材料有关，阻值
各不相同，一般绝缘电
阻大于 0.5MΩ 就可以
使用，5MΩ 以下绝缘一
般，20MΩ 以上绝缘良
好，无穷大∞为最好。

⑩ 兆欧表测量三相异步电动机的好坏

测量单相电机

测量三相电机

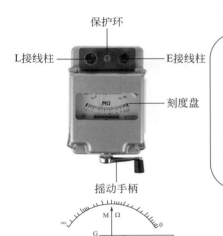

保护环
L接线柱
E接线柱
刻度盘
摇动手柄

第一步：选择合适量程的兆欧表，兆欧表水平放置，L接红色测试笔，E接黑色测试笔。

第二步：红黑测试笔分开，均速摇动手柄（一般为120r/min），指针往左偏转，指向无穷大(∞)为正常。

第三步：红黑测试笔短接，摇动手柄，指针往右偏转，指向0Ω为正常。注意事项：瞬间短接测试即可，以免长时间短接损坏兆欧表。

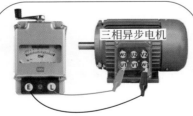

三相异步电机

第四步：以测量三相异步电动机好坏为例，电动机内部有3个绕组，分别测量3个绕组之间的绝缘。红笔接U1、黑笔接W1第一次测量，红笔接U1、黑笔接V1第二次测量，红笔接V1、黑笔接W1第三次测量，趋近于无穷大，三次测量指针均往左偏转，说明绝缘良好。

三相异步电机

第五步：测量绕组与电动机外壳之间的绝缘，黑表笔接电动机金属外壳，红表笔分别接U1、V1、W1，三次测量指针均往左偏转，趋近于无穷大，说明绝缘良好。

三相异步电机

兆欧表又叫绝缘电阻表，也称摇表，是专业电工用来测量绝缘电阻的常用仪表。它主要由一个手摇发电机、表盘、三个接线柱组成，接线柱L接线路端，接线柱E接地端，接线柱G接屏蔽端。一般工作电压500V以下的设备，应选用500V的摇表，工作电压接近500V的设备选择1000V的摇表，工作电压500V以上的用电设备应选择1000～2500V的摇表。

测量时去掉电动机接线柱上的连接片

⑪ 数字万用表视频教程

名称	视频教程	名称	视频教程
第一节　890C万用表使用教程		第九节　数字万用表判断三极管和场效应管的好坏	
第二节　数字万用表各挡位换算技巧		第十节　数字万用表判断固态继电器好坏	
第三节　数字万用表电压法排查故障		第十一节　数字万用表分辨火线和零线	
第四节　数字万用表电阻法排查故障		第十二节　数字万用表判断整流桥的好坏	
第五节　数字万用表判断交流接触器好坏		第十三节　数字万用表判断电容好坏	
第六节　数字万用表判断中间继电器好坏		第十四节　数字万用表判断船型开关好坏	
第七节　数字万用表判断热继电器好坏		第十五节　数字万用表判断数码管好坏	
第八节　数字万用表判断时间继电器好坏			

⑫ 指针万用表视频教程

名称	视频教程	名称	视频教程
第一节　指针万用表挡位介绍		第七节　指针万用表测量整流桥	
第二节　指针万用表测量交直流电压		第八节　指针万用表测量直流电流	
第三节　色环电阻的读取方法		第九节　指针万用表测量电容好坏	
第四节　指针万用表测量电阻阻值		第十节　指针万用表的BATT挡	
第五节　指针万用表测量二极管		第十一节　指针万用表测量场效应管	
第六节　指针万用表测量三极管		第十二节　指针万用表分辨火线和零线	

知识拓展

接触器上的Q5

电路中的回火

双开加五孔的
接线

一开加五孔

声光控灯

继电器控制交流
接触器

点动及长动控制
混合电路

两个接近开关控
制电机正反转

星三角启动的二
次回路

星三角降压启动
二次回路接线

两台电机顺序启
动

第 3 章

家庭用电电路实物接线图

① 串联电路实物接线图 ▶▶▶

串联和并联

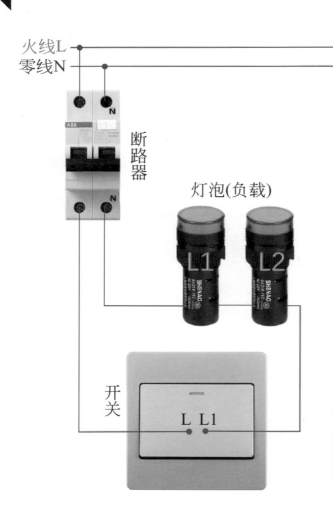

火线L
零线N

断路器

灯泡(负载)

L1　L2

开关

L　L1

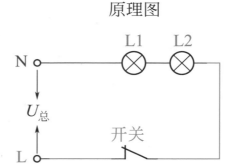

原理图

L1　L2

N

$U_总$

开关

L

串联电路中：
每个负载上的电流都是相同的，$I_1 = I_2$；
所有负载电压之和为电源电压，$U_总 = U_1 + U_2$；
串联回路中一个负载损坏，其他负载不能工作。

② 并联电路实物接线图 ▶▶▶

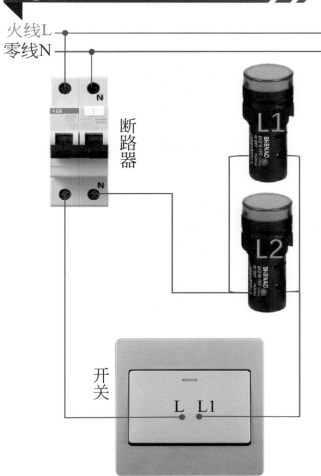

火线L
零线N

断路器

L1

L2

开关

L   L1

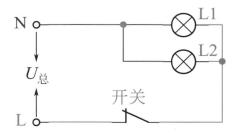

原理图

N

$U_总$

L

L1

L2

开关

并联电路中：
所有负载电流之和为总电流，$I_总 = I_1 + I_2$；
每个负载上的电压都相同，$U_总 = U_1 = U_2$；
一个负载损坏，其他负载可以正常工作。

③ 混联电路实物接线图 ▶▶▶

什么是混联？

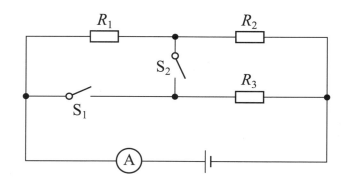

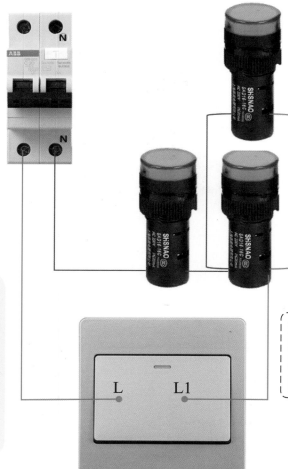

电路中既有串联又有并联，叫混联电路。

如图所示，当开关 S_1 和 S_2 断开时，电阻 R_1 和 R_2 为串联；当开关 S_1 和 S_2 闭合时，电阻 R_2 和 R_3 为并联；当开关 S_1 断开、S_2 闭合时，电阻 R_2 和 R_3 并联后与 R_1 串联，此时电路为混联电路。当开关 S_1 闭合、S_2 断开时，电阻 R_1 和 R_2 串联后和电阻 R_3 并联，此时电路也是混联电路。

混联电路在电子电路中比较常见，照明电路中很少遇到，仅做了解。

④ 一个开关控制一个灯实物接线图

多开单控接线

双控电路

一个开关一灯

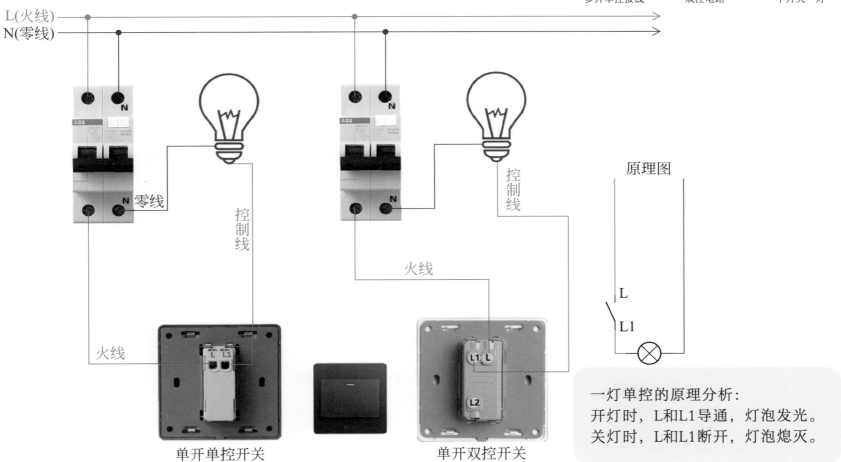

原理图

一灯单控的原理分析：
开灯时，L和L1导通，灯泡发光。
关灯时，L和L1断开，灯泡熄灭。

单开单控开关

单开双控开关

⑤ 两个开关控制一个灯实物接线图

开关后面的L、L1、L2　　两个开关控制一个灯

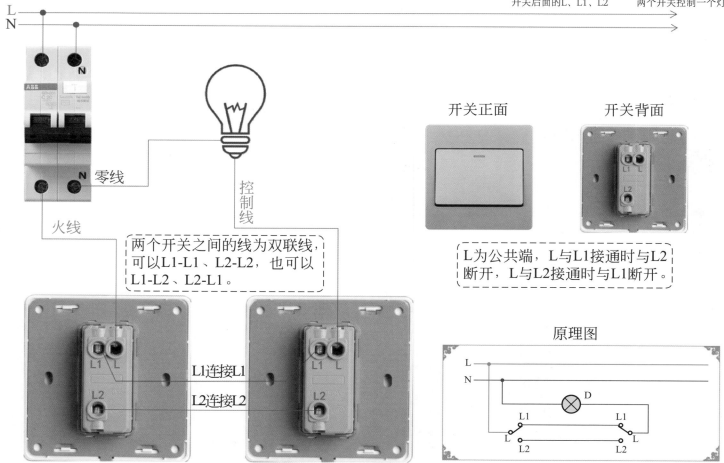

L

N

零线

火线

控制线

两个开关之间的线为双联线，可以L1-L1、L2-L2，也可以L1-L2、L2-L1。

L1连接L1

L2连接L2

开关正面　　　　开关背面

L为公共端，L与L1接通时与L2断开，L与L2接通时与L1断开。

原理图

L1

L1

L2

L2

L

N

D

L

L

❻ 三个开关控制一个灯实物接线图

三个开关控制
一灯

一灯三控

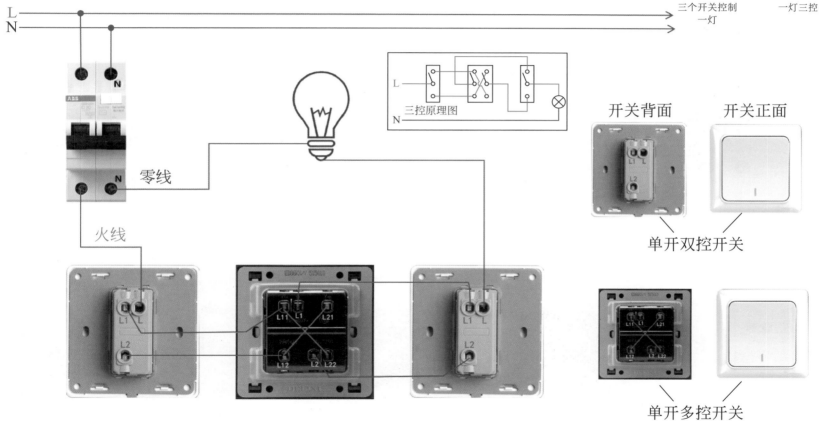

三控原理图

开关背面　开关正面

单开双控开关

单开多控开关

零线

火线

备注：中间的单开多控开关（中途开关）可以增加很多，以实现多个开关控制一个灯。

⑦ 四个开关控制一个灯实物接线图

一灯四控

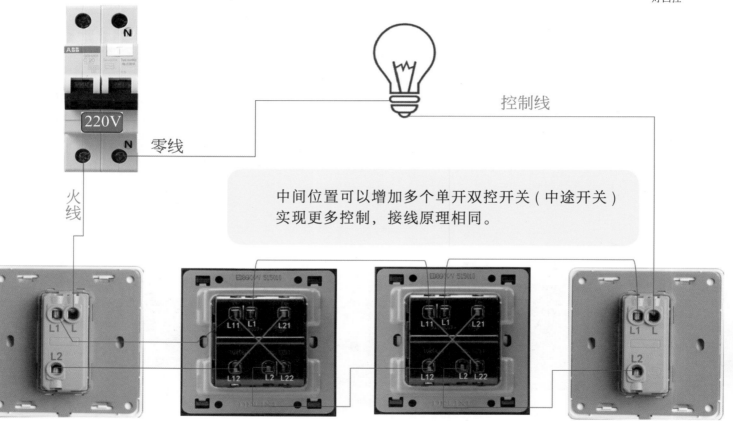

220V

零线

控制线

火线

中间位置可以增加多个单开双控开关（中途开关）
实现更多控制，接线原理相同。

开关正面

单开双控

单开多控

⑧ 双联开关控制两个灯实物接线图

双开单控的接线

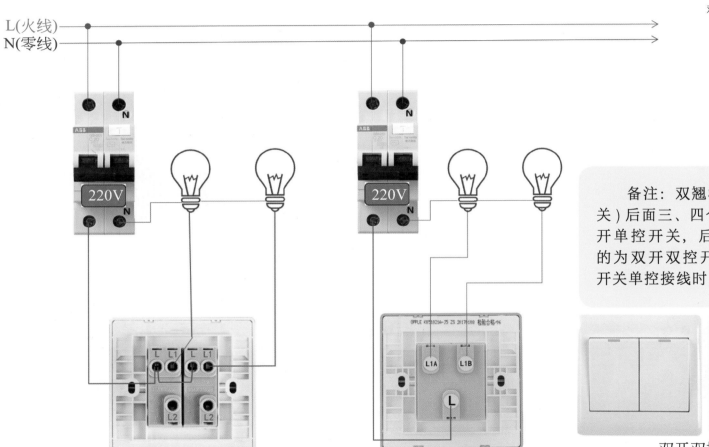

L(火线)
N(零线)

220V   N

220V   N

L L1 L L1

L2 L2

OPPLE ...

L1A L1B

L

备注: 双翘板开关 (双联开关) 后面三、四个接线柱的为双开单控开关, 后面六个接线柱的为双开双控开关, 双开双控开关单控接线时, 两个L2不接。

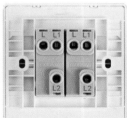

双开双控开关

9 两个开关控制两个灯实物接线图

两个开关控制
两个灯

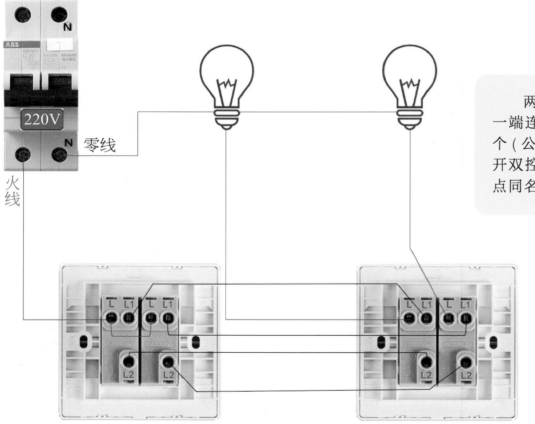

零线

火线

220V

N

N

两个开关控制两个灯实物接线：两个灯的一端连在一起接零线，一个双开双控开关的两个（公共点）L点短接在一起接火线，另一个双开双控开关的两个L点各接一个灯，其他的触点同名相连 (L1-L1,L2-L2)。

双开双控开关

⑩ 三联单控开关控制三个灯实物接线图

三开单控接线　四开单控接线

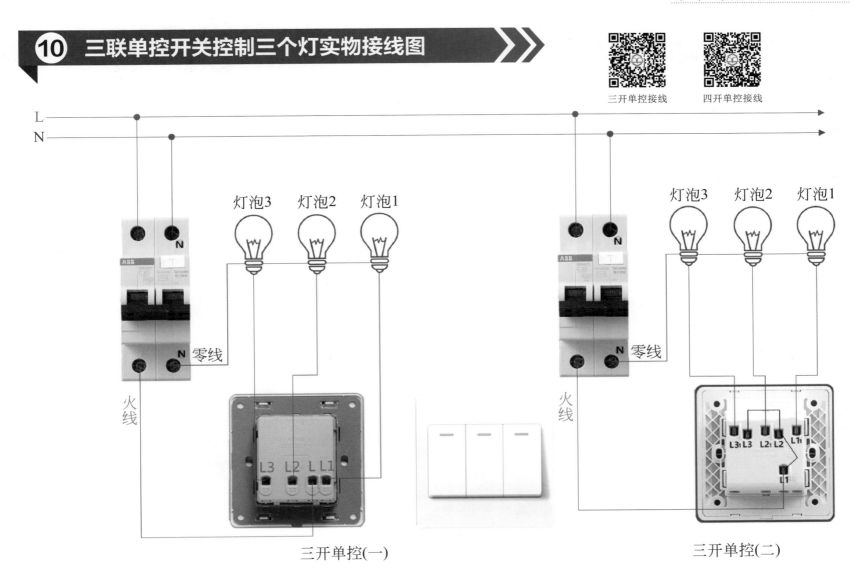

L

N

灯泡3　灯泡2　灯泡1

N 零线

火线

L3 L2 L L1

三开单控(一)

灯泡3　灯泡2　灯泡1

N 零线

火线

L3 L3 L2 L2 L1

L1

三开单控(二)

⑪ 一开加五孔插座实物接线图

一开加五孔接线

单开加5孔插座的
2种接线

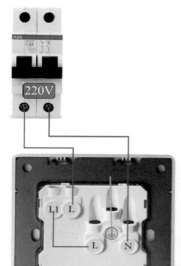

红色导线为火线、控制线；
蓝色导线为零线；
黄绿双色导线为地线。

开关控制插座

开关控制灯

⑫ 两个单开加五孔开关控制一个灯实物接线图

两个一开加五孔
控制一灯

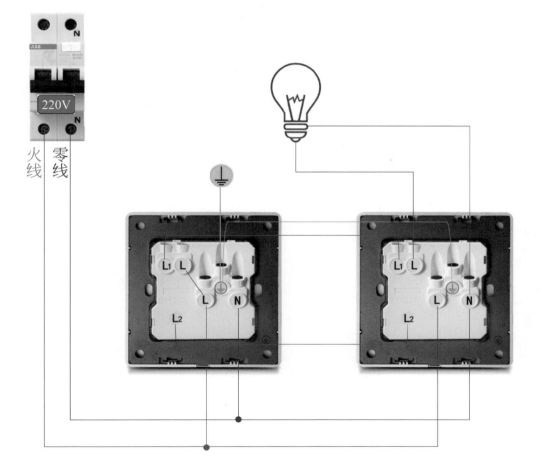

火线　零线

220V

此电路中，两个
开关只控制灯，
不控制插座。

备注：开关位置为双控开关。

⑬ 双开加五孔插座实物接线图

双开加五孔接线

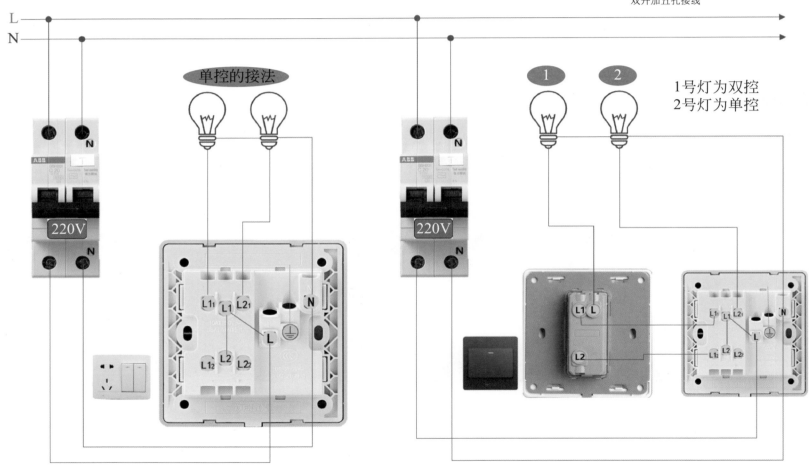

单控的接法

1号灯为双控
2号灯为单控

14 三个开关控制两个灯实物接线图（1）

三开控两灯接线

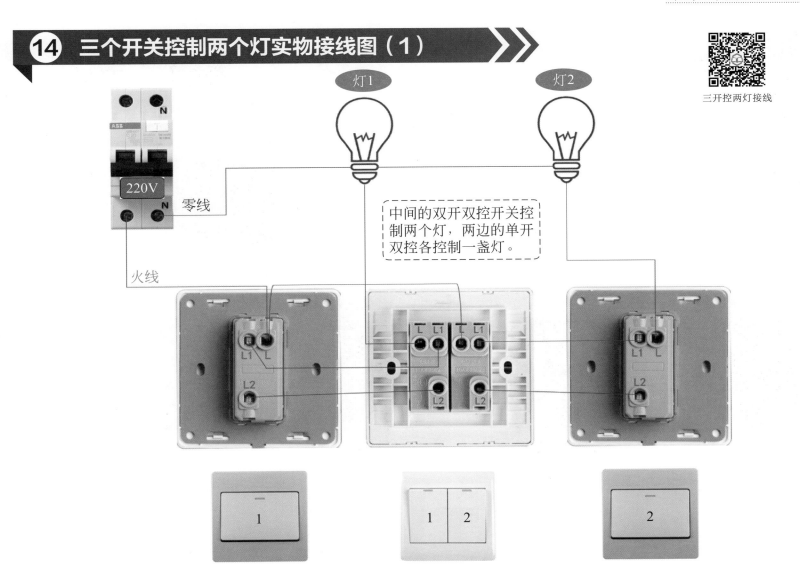

灯1

灯2

220V

零线

火线

中间的双开双控开关控制两个灯，两边的单开双控各控制一盏灯。

⑮ 三个开关控制两个灯实物接线图（2）

三开控两灯　　两灯三控接线

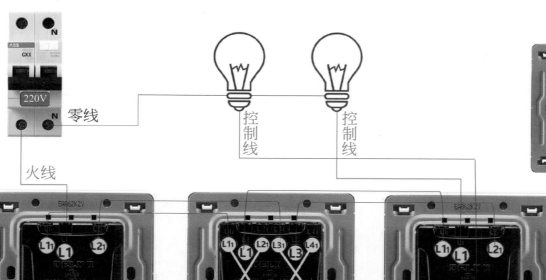

零线

火线

控制线

控制线

双开多控开关(中途开关)

　　两个双开双控开关，中间加一个双开多控开关。三个开关都可以控制两盏灯，每个开关两个翘板，每个翘板控制一盏灯，完美实现三个开关控制两个灯。

16 浴霸开关实物接线图

浴霸开关接线

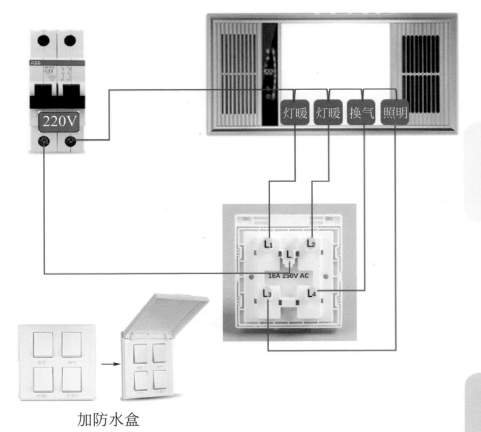

加防水盒

五开浴霸开关的接线原理相同：
火线为公共线，其他的均为控制线，负载的另一端接零线。

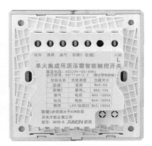

单火智能浴霸开关，接线方法也相同，也可以直接替换普通的浴霸开关。

⑰ 触摸开关、声光控开关实物接线图

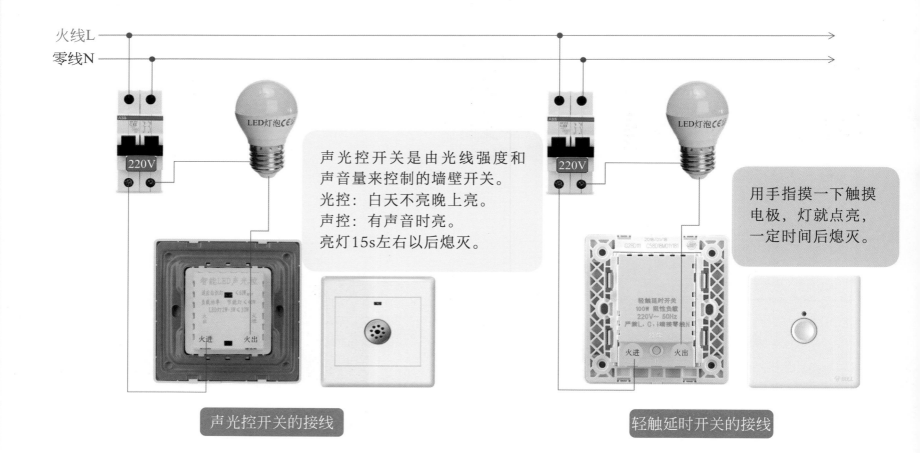

火线L

零线N

220V

220V

LED灯泡

LED灯泡

声光控开关是由光线强度和声音量来控制的墙壁开关。
光控：白天不亮晚上亮。
声控：有声音时亮。
亮灯15s左右以后熄灭。

用手指摸一下触摸电极，灯就点亮，一定时间后熄灭。

火进　火出

火进　火出

声光控开关的接线

轻触延时开关的接线

18 免布线遥控开关实物接线图

免布线开关使用

一灯多控

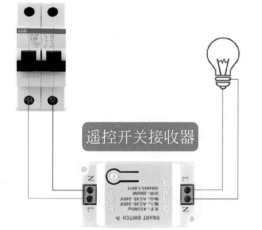

遥控开关接收器

免布线开关

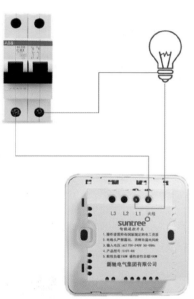

主开关

随意贴

可搭配多个随意贴，轻松实现一灯多控。

随着社会不断地发展，家庭电路的控制越来越智能化，照明电路由原来的手动开关，慢慢地出现了触摸开关、声控开关、人体感应开关、声光控开关、免布线开关、遥控器、定时开关、语音控制等。还可以和智能音箱、智能家居系统连接，实现手机远程控制。

⑲ 遥控开关控制灯泡实物接线图

给LED加遥控器

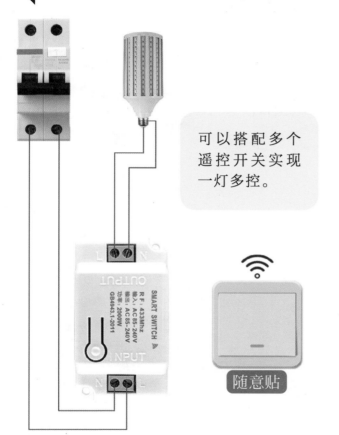

可以搭配多个遥控开关实现一灯多控。

随意贴

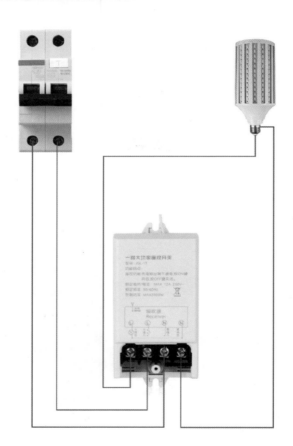

可以搭配普通的遥控开关，也可以搭配带定时功能的遥控开关。

20 家庭照明电路扩展电路实物接线图

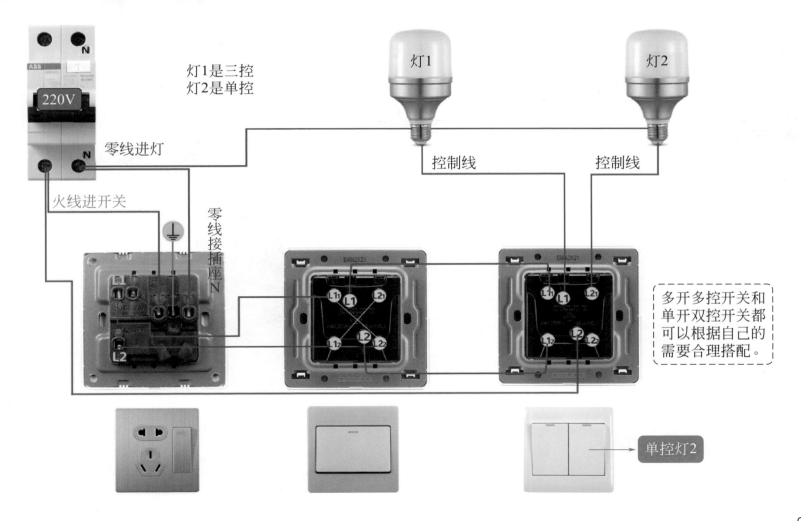

220V

N

N

零线进灯

火线进开关

零线接插座N

灯1是三控
灯2是单控

灯1

灯2

控制线

控制线

多开多控开关和
单开双控开关都
可以根据自己的
需要合理搭配。

单控灯2

21 关灯后灯泡微亮的常见原因

一灯双控关灯微亮

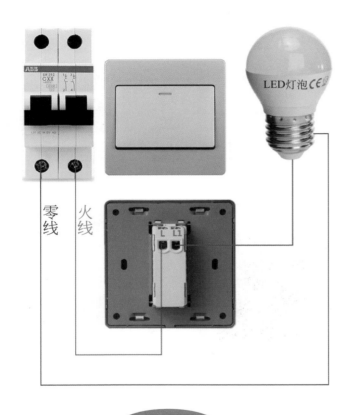

零线　火线

LED灯泡 CE

正确

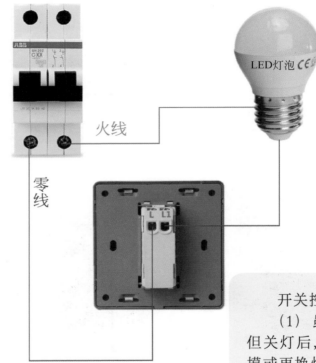

零线

火线

LED灯泡 CE

错误

　　开关控制零线时有安全隐患：
　　（1）虽然可以正常开关灯，但关灯后，灯仍然连接火线，触摸或更换灯泡时有触电的危险。
　　（2）部分节能灯、LED灯，关灯后仍然微亮或间接闪烁（"鬼火"现象）。

22 解决关灯后微亮最有效的方法（1）

LED关了灯还亮

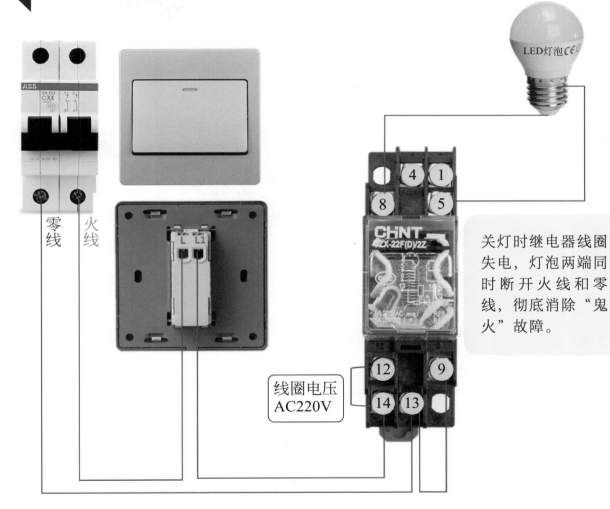

零线

火线

LED灯泡 CE

线圈电压
AC220V

鬼火：关灯以后，灯泡仍然有微弱的光亮或间接闪烁，这种现象在照明电路中被称为"鬼火"。

关灯时继电器线圈失电，灯泡两端同时断开火线和零线，彻底消除"鬼火"故障。

8脚中间继电器

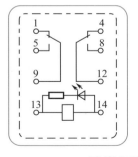

1-9、4-12是常闭触点
5-9、8-12是常开触点
13-14接AC220V电源

23 解决关灯后微亮最有效的方法（2）

解决鬼火的第2种
方法

关灯时火线和零线同时断开，
彻底解决了"鬼火"现象。

关灯时火线和零线同时断开，
彻底解决了"鬼火"现象。

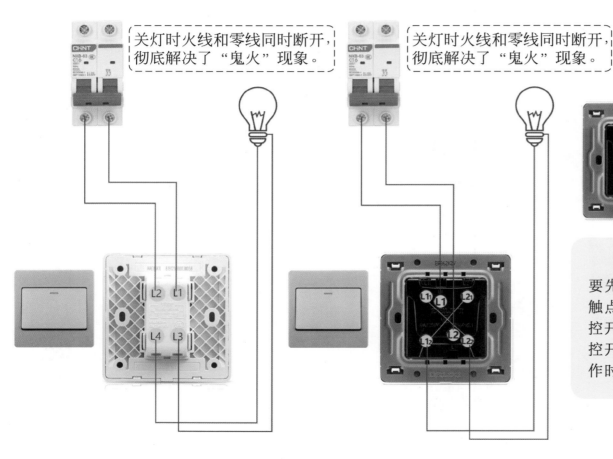

　　如果是6触点的多控开关，需要先交叉跳线，跳线以后等同于4触点的中途开关。也可以用双开双控开关，后面的接点和6触点的多控开关相同，接线方法也一样，操作时两个翘板同时按下即可。

㉔ 一灯双控关灯微亮的解决方法

关灯微亮

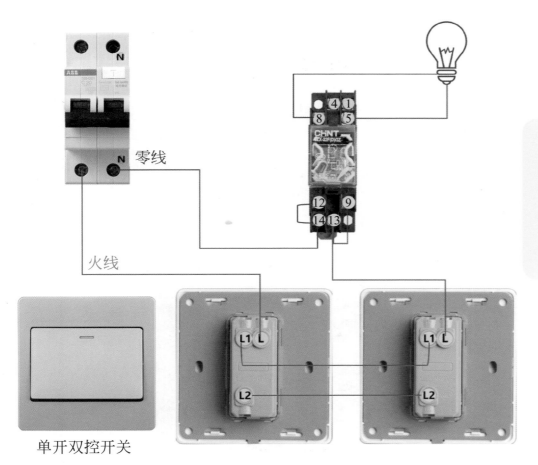

零线

火线

单开双控开关

在零线和火线没有接反时，也有一定的概率出现"鬼火"现象，如果查不出故障原因，可以通过此电路消除"鬼火"。此电路关灯时，中间继电器线圈失电，两组常开触点复位，灯泡同时断开火线和零线，杜绝了"鬼火"现象。

㉕ 单控灯改双控灯实物接线图

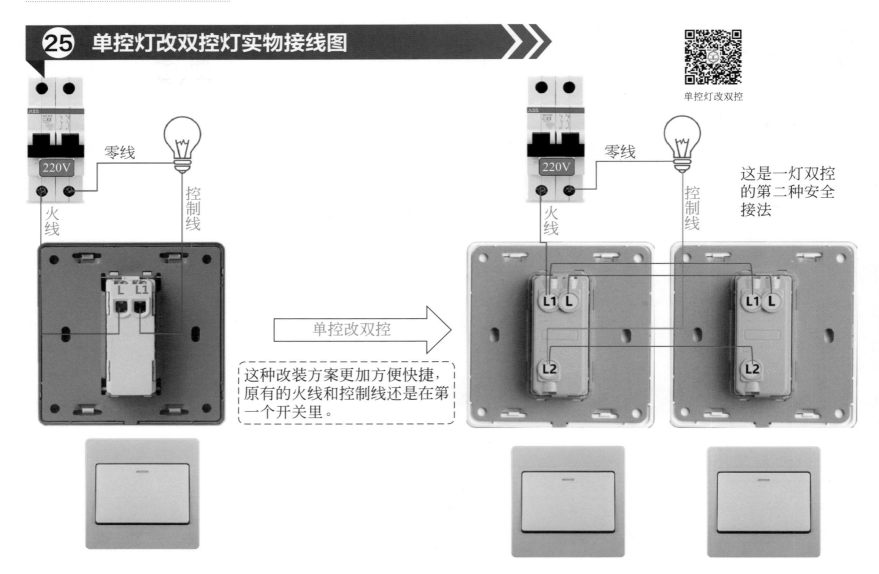

零线

火线

控制线

220V

单控改双控

这种改装方案更加方便快捷，原有的火线和控制线还是在第一个开关里。

L L1

L1 L

L2

这是一灯双控的第二种安全接法

26 灯泡不亮的3种情况

灯不亮的3种故障

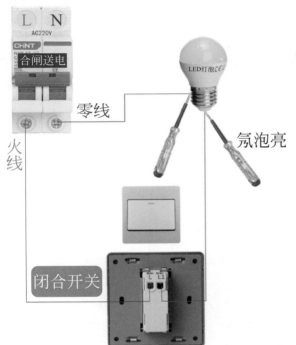

火线

零线

氖泡亮

闭合开关

氖泡亮

氖泡亮

闭合开关

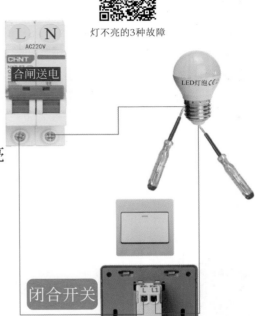

闭合开关

电笔测试火线一端氖泡亮，零线一端不亮，说明电源正常，灯泡坏了。

电笔测试火线一端氖泡亮，零线一端也亮，说明零线断了。

电笔测试火线一端氖泡不亮，零线一端也不亮，说明火线(火零同时)断了。

27 吊扇无级调速开关实物接线图

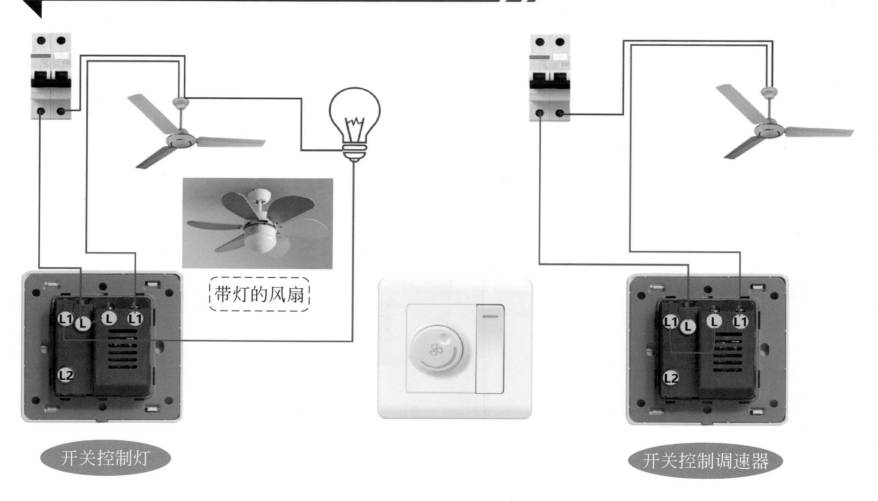

带灯的风扇

开关控制灯

开关控制调速器

28 五线风扇电机实物接线图

五线风扇电机接线

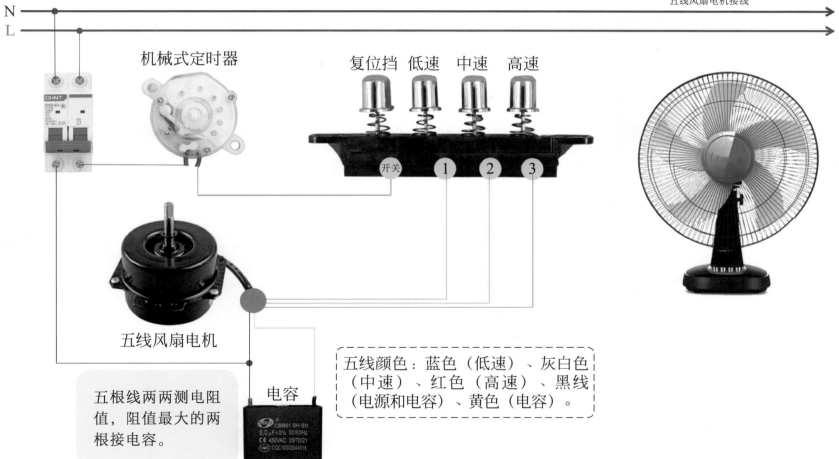

N

L

机械式定时器

复位挡 低速 中速 高速

开关 ① ② ③

五线风扇电机

五根线两两测电阻值，阻值最大的两根接电容。

电容

五线颜色：蓝色（低速）、灰白色（中速）、红色（高速）、黑线（电源和电容）、黄色（电容）。

㉙ 单相电能表实物接线图

认识电表

家用电表接线

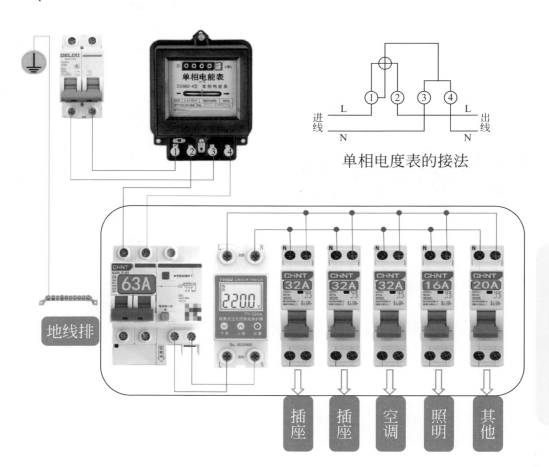

单相电度表的接法

地线排

插座 插座 空调 照明 其他

空气开关

漏电保护器

（1）总开关如果用空气开关，支路就需要加漏电保护器，组合方式可以根据自己的需要自行调节。

（2）支路开关的选型，可以先用公式估算出支路负载的总电流I，1.5倍的I就是支路开关额定电流的参考数值。

$$I = P/U \text{（电流的计算公式）}$$

30 家庭用电配电箱方案1

家用配电箱合理
搭配

地线排

零线排

火 零

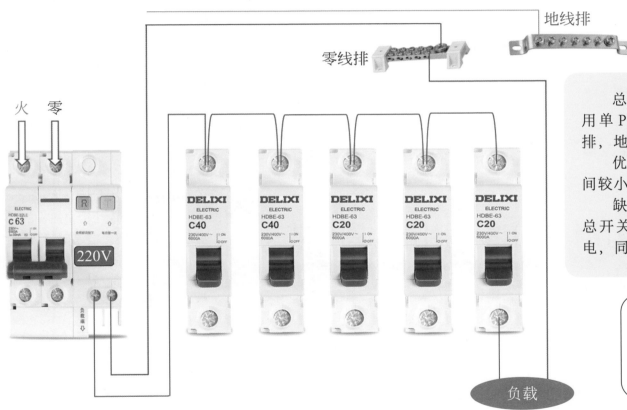

220V

负载

总开关用漏电保护器，支路用单P的空气开关，零线接零线排，地线接地线排。

优点：成本低，整体占用空间较小。

缺点：支路有漏电故障时，总开关跳闸，影响其他支路的用电，同时不方便查找故障。

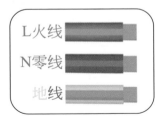

L火线
N零线
地线

③① 家庭用电配电箱方案2

家用配电箱的
总开

双P　　　1P+N

左零右火

地线排

火　零

220V

负载　　负载　　负载　　负载

和方案一相比，支路的单P空开换成了双P空开，去掉了零线排。图中的双P空开也可以换成1P+N空开，更加节省空间。当支路有漏电故障时，还是总开关跳闸，影响其他支路的用电，当支路有过载和短路故障时，只跳支路的开关，方便排查故障。

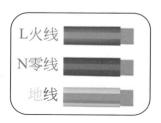

L火线
N零线
地线

32　家庭用电配电箱方案3

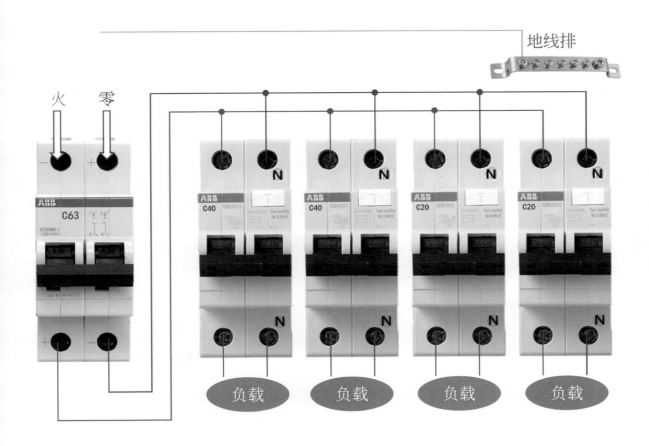

地线排

火　零

C63

ABB C40 GSH201　N
ABB C40 GSH201　N
ABB C20 GSH201　N
ABB C20 GSH201　N

负载　　负载　　负载　　负载

　　总开关用空气开关，支路用漏电保护器，支路有过载、短路、漏电故障时，只跳此支路的漏保，不影响其他支路用电，排查故障也更方便。

前者比后者更节省空间

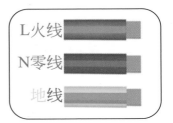

L火线
N零线
地线

33 加装过欠压保护器的家庭用电电路实物接线图

过欠压保护器3点注意事项　　　　过欠压保护器3点注意事项

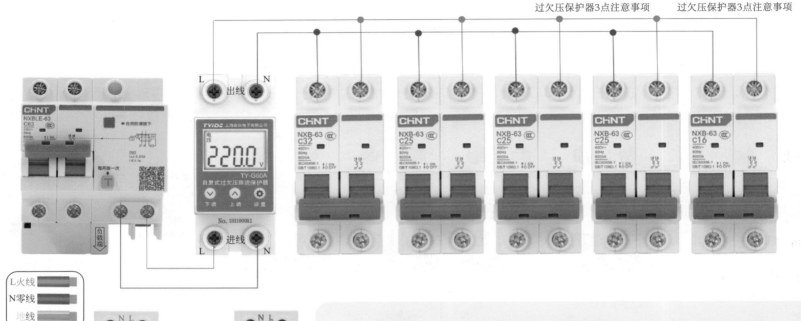

L火线
N零线
地线

下进上出　　　　上进下出

过欠压保护器是家庭用电电路中比较常见的一种保护装置，当进户电源的电压过高或电压偏低时，保护器能迅速可靠地断开电源，避免家用电器被烧坏。接线时注意上面的标注，如左图所示，有的是上进下出，有的是下进上出，IN 为进线端，OUT 为出线端。

34 加装浪涌保护器的家庭用电电路实物接线图 ▷▷▷

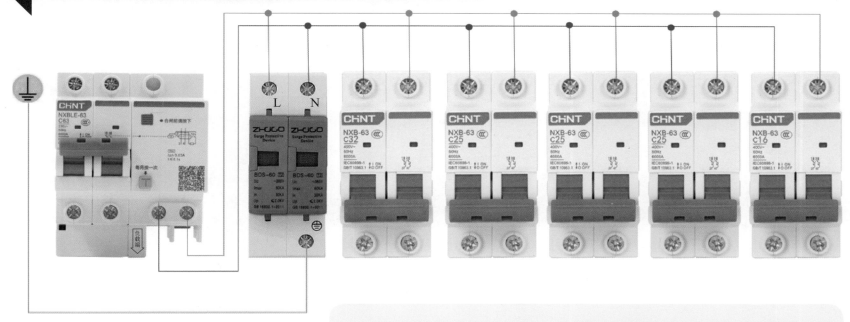

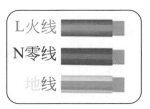

L火线

N零线

地线

浪涌保护器，也叫电涌保护器、防雷器、SPD 后备保护器，是一种起安全防护的电子装置。当线路中因外界干扰产生尖峰电压或电流时，浪涌保护器会在极短的时间内导通，把尖峰电压或电流通过地线引入大地，从而避免线路中的其他设备受到损害。

㉟ 开关和插座的安装高度参考值

 普通插座→0.3m

 柜机插座→0.3m

 床头柜插座→0.7m

 开关→1.3m

 洗衣机插座→1.3m

 空调插座→1.8～2m

 热水器插座→1.8～2m

 油烟机插座→2.0m

 床头开关→0.7m

 厨房插座→1.3m

16A   10A

　　普通插座选电流10A的五孔插座。对于用电比较频繁的位置可以用一开加五孔插座，不用电时关闭开关即可，避免频繁插拔引起虚接。大功率负载统一用16A的三孔插座。热水器的插座需要加防水盒，厨房插座尽量用多孔插座，方便多个用电器同时使用。开关的高度可以根据使用者身高略加调整，下限尽量不低于1.2m。

36 家庭电路铜线的安全（长期）载流参考表

1.5平到10平铜线
载流量

估算铜线载流量

导线（铜）	安全载流	负载功率	断路器
1mm²	6～8A	1.3～1.8kW	C10/C16
1.5mm²	8～15A	1.8～3kW	C16/C25
2.5mm²	16～25A	3.5～5.5kW	C25/C32
4mm²	25～32A	5.5～7kW	C32/C40
6mm²	32～40A	7～9kW	C40/C63
10mm²	45～70A	10～15kW	C63/C80

　　现在 1 平（mm² 简称平）的导线很少用了，照明电路一般用 1.5 平、2.5 平铜线，插座支路选 4 平的铜线，大功能用电器单独走一路，一般为 4 平的铜线，中小户型进户主线一般为 10 平、6 平，大户型进户主线选 16 平。

知识拓展

在家里练习点动
和自锁

一键启停

火线互锁正反转
电路

零基础学互锁
（接触器互锁）

电气互锁正反转
（零线互锁）

变频器接启停盒

变频器实物接线

变频器接电位器
调速

变频器上的
RARBRC

三线单相电机的
接线

小型时间继电器
的接线

第 4 章

电动机控制电路实物接线图

❶ 三相异步电动机的铭牌

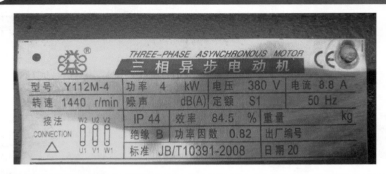

电动机代号	字意	名称
Y	异	异步电动机
YR	异绕	绕线式异步电动机
YB	异爆	防爆型异步电动机
YQ	异启	高启动转矩异步电动机
YD	异多	多速异步电动机

电动机铭牌：型号 Y112M-4，Y 表示异步电动机，112 表示机座的中心高度，M 表示中机座（L 表示长机座、M 表示中机座、S 表示短机座），型号最后面的 4 表示电动机的极数。

功率：4kW，电动机满载运行时机轴所输出的额定机械功率。

电压：380V，指加载到电动机绕组上的电压等级。

电流：8.8A，在 380V 工作电压下输出额定功率时，流过绕组的电流值。

转速：1440r/min，额定工作状态下的转速为每分钟 1440 转。

噪声：工作时的噪声，单位为分贝 (dB)。

定额：S1—连续工作制 (S2—短时工作制，S3—断续工作制)。

频率：50Hz，电动机供电电源的频率为 50 赫兹。

接法：三角形接法（分为星形接法和三角形接法）。

IP44：电动机的防护等级。

效率：84.5%，电动机的机械效率为 84.5%。

绝缘：B，电动机的绝缘等级。

Y接法(星形接法)　△接法(三角形接法)

横星竖角：连接片横着连，电动机内部三个绕组的一端连在一起形成中性点，此为星形接法；连接片竖着连，电动机内部的三个绕组首尾相连，此为三角形接法。

② 三相电动机点动控制实物接线图

点动和自锁实物接线

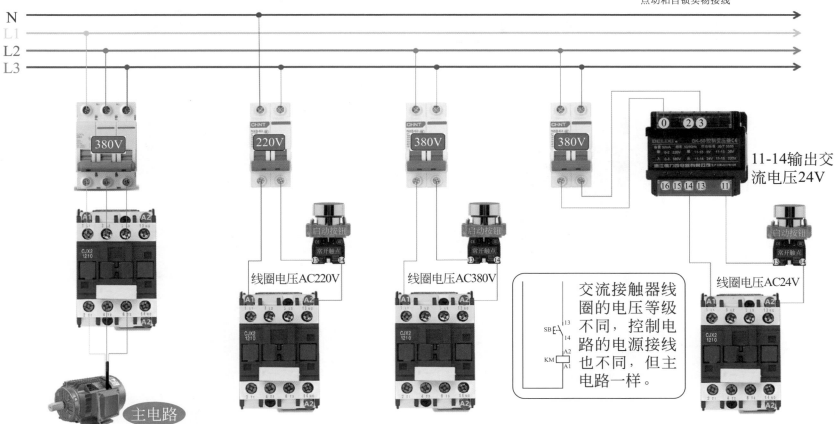

11-14输出交流电压24V

线圈电压AC220V

线圈电压AC380V

线圈电压AC24V

主电路

交流接触器线圈的电压等级不同，控制电路的电源接线也不同，但主电路一样。

③ 三相电动机点动控制完整电路原理图和实物接线图

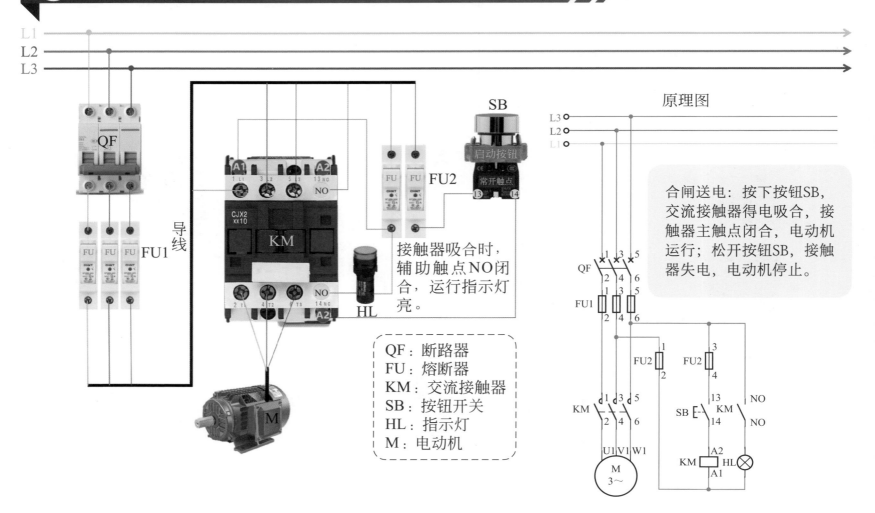

QF：断路器
FU：熔断器
KM：交流接触器
SB：按钮开关
HL：指示灯
M：电动机

接触器吸合时，辅助触点NO闭合，运行指示灯亮。

SB

原理图

合闸送电：按下按钮SB，交流接触器得电吸合，接触器主触点闭合，电动机运行；松开按钮SB，接触器失电，电动机停止。

4 简易的自锁电路原理图和实物接线图

 按钮控制交流接触器
 自锁电路实物接线

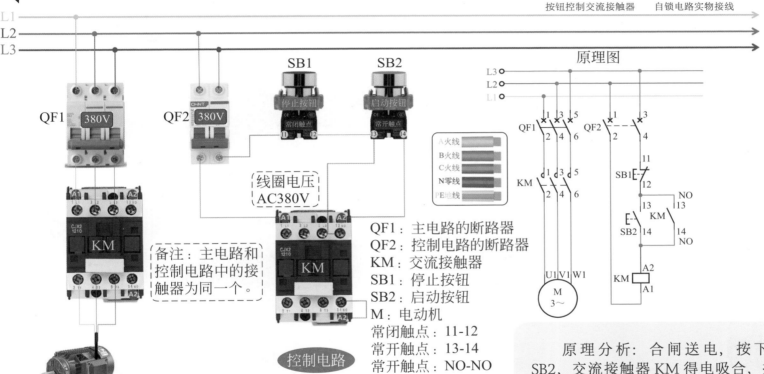

QF1：主电路的断路器
QF2：控制电路的断路器
KM：交流接触器
SB1：停止按钮
SB2：启动按钮
M：电动机
常闭触点：11-12
常开触点：13-14
常开触点：NO-NO
常闭触点：NC-NC
KM的线圈：A1-A2

备注：主电路和控制电路中的接触器为同一个。

原理分析：合闸送电，按下启动按钮SB2，交流接触器KM得电吸合，接触器主触点闭合接通主电路，电动机开始运行。同时接触器的辅助常开点NO闭合，此时松开启动按钮SB2，接触器通过自身的辅助常开点NO(已闭合)持续给线圈供电形成自锁。按下停止按钮SB1，交流接触器线圈失电，电动机停止。

5 有过流和过载保护自锁电路原理图和实物接线图

带过载保护的启动电路　　自锁电路实物连线教程

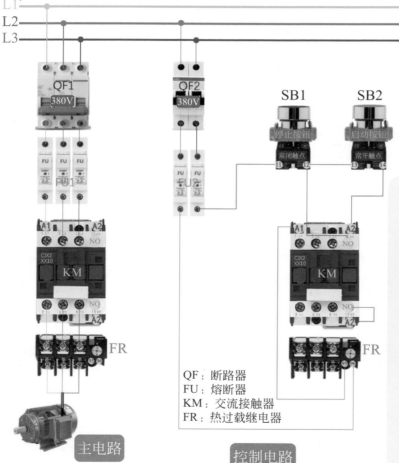

QF：断路器
FU：熔断器
KM：交流接触器
FR：热过载继电器

主电路

控制电路

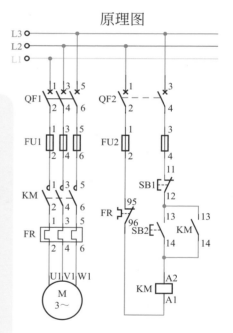

原理图

　　熔断器起过流保护作用，过载继电器起过载保护作用。过流和过载的区别：保护的对象不同，图中的过载保护是指三相电动机重载运行时，实际的输出功率超过了额定功率，此时的表现为电流过大，为防止电流过大烧坏电动机，需要采取过载保护措施。而过流保护是对线路中的电流过大时采取的一种保护，过载保护的整流电流一般为三相电机的额定电流，而过流保护还包含短路保护，整定电流一般为额定电流的 1.5 ～ 10 倍。

6 简易的加密电路原理图和实物接线图

加密电路

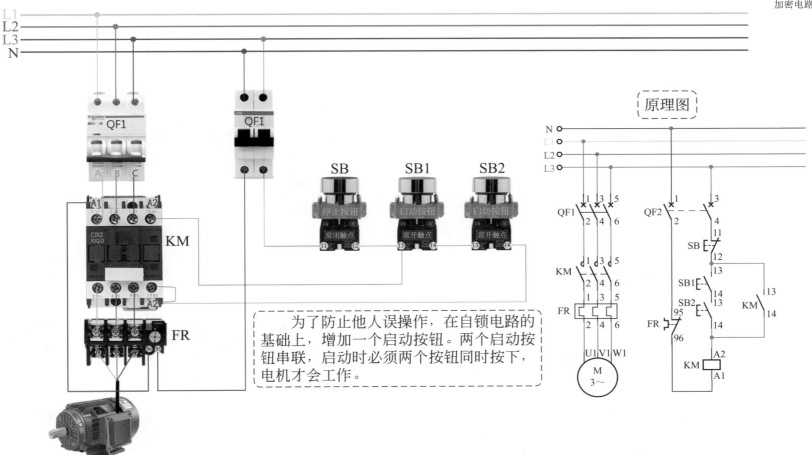

为了防止他人误操作，在自锁电路的基础上，增加一个启动按钮。两个启动按钮串联，启动时必须两个按钮同时按下，电机才会工作。

原理图

7 中间继电器自锁原理图和实物接线图

中间继电器自锁
和互锁

两个中间继电器
互锁

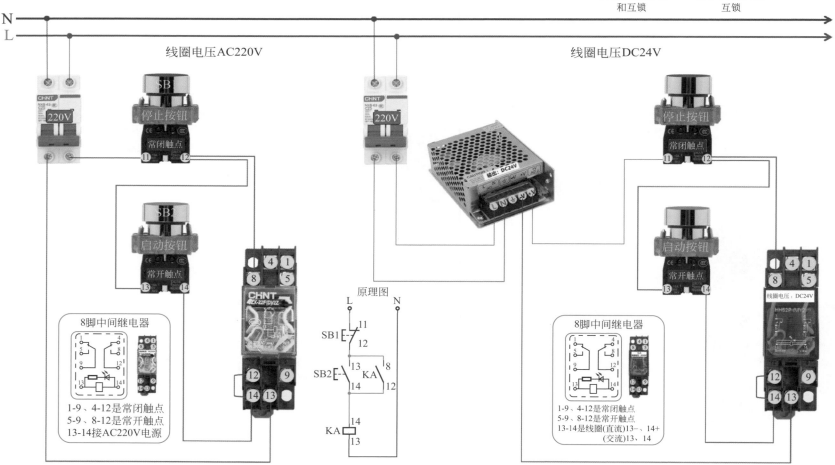

线圈电压AC220V

线圈电压DC24V

SB1
停止按钮
常闭触点
11   12

SB2
启动按钮
常开触点
13   14

8脚中间继电器

1-9、4-12是常闭触点
5-9、8-12是常开触点
13-14接AC220V电源

原理图

L   N

SB1 ├─ 11
         12

SB2 ├─ 13   8
         14   KA   12

KA   14
        13

停止按钮
常闭触点
11   12

启动按钮
常开触点
13   14

线圈电压：DC24V

8脚中间继电器

1-9、4-12是常闭触点
5-9、8-12是常开触点
13-14是线圈(直流)13-、14+
(交流)13、14

8 中间继电器互锁（长动）原理图和实物接线图

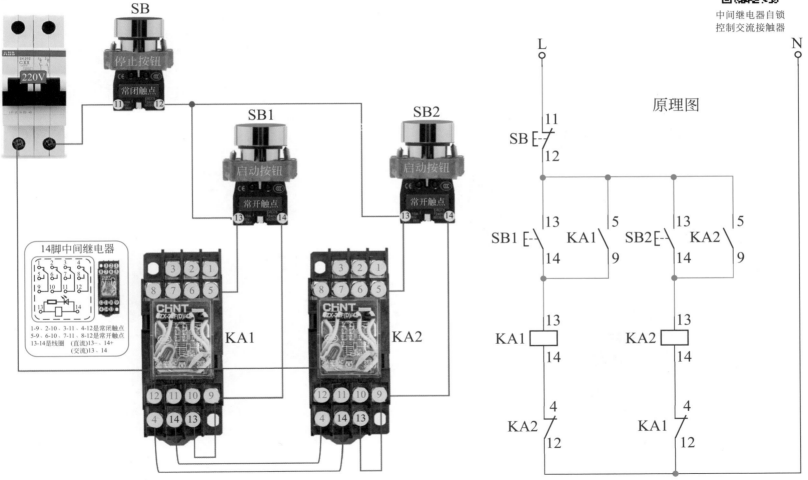

9 点动加长动原理图和实物接线图（1）

点动和自锁的混合控制

点动和长动混合控制

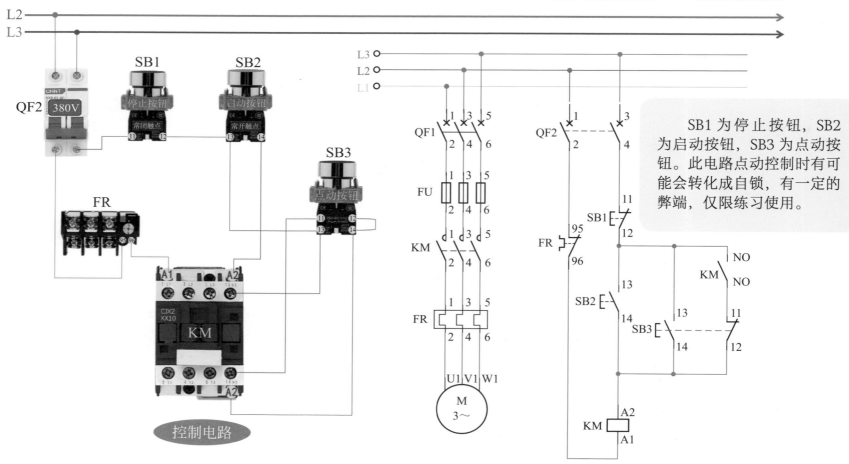

SB1 为停止按钮，SB2 为启动按钮，SB3 为点动按钮。此电路点动控制时有可能会转化成自锁，有一定的弊端，仅限练习使用。

⑩ 点动加长动原理图和实物接线图（2）

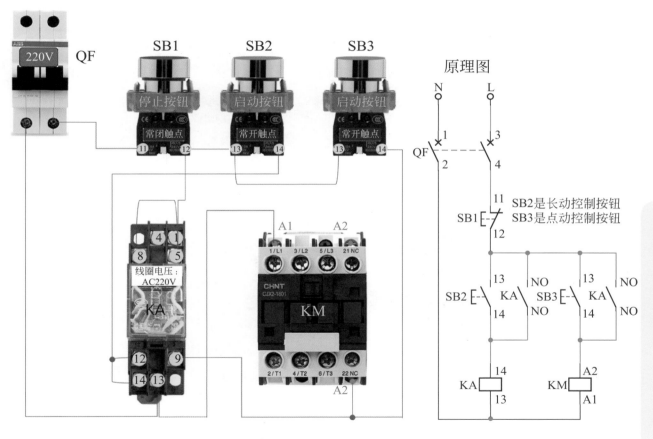

原理图

SB2是长动控制按钮
SB3是点动控制按钮

辅助触点为常闭的交流接触器怎么自锁?

（1）如果主电路电源为单相电，可借助一组主触点完成自锁，主触点都是常开触点。

（2）如左图所示，增加一个中间继电器，通过中间继电器自锁控制交流接触器。

（3）增加一个F4-11的辅助触头。

⑪ 点动加长动原理图和实物接线图（3）

点动和长动控制

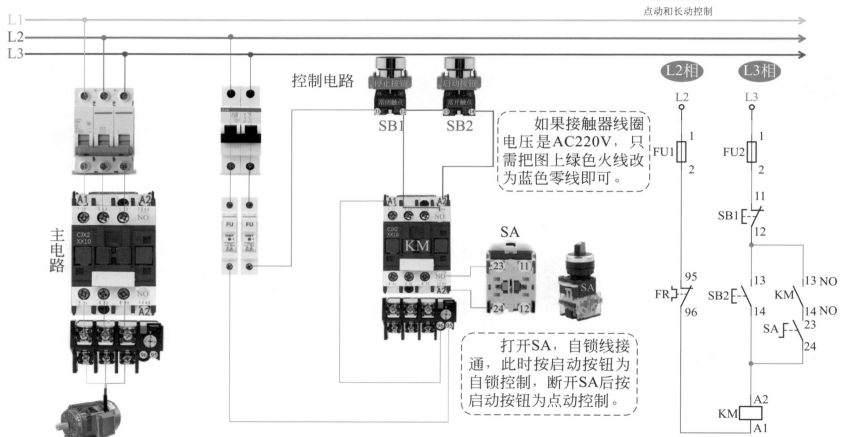

如果接触器线圈电压是AC220V，只需把图上绿色火线改为蓝色零线即可。

打开SA，自锁线接通，此时按启动按钮为自锁控制，断开SA后按启动按钮为点动控制。

12 电动机异地控制原理图

异地控制

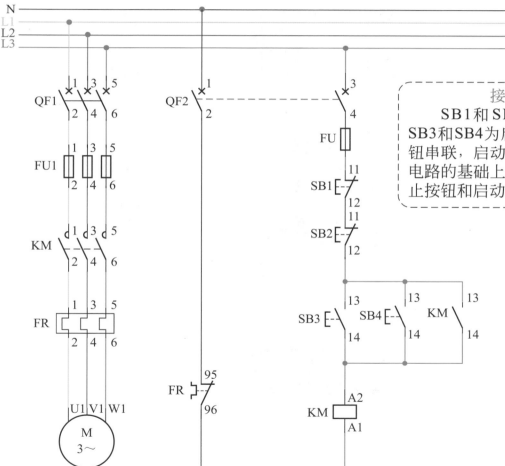

接线技巧
SB1和SB2为停止按钮，SB3和SB4为启动按钮，停止按钮串联，启动按钮并联，在左图电路的基础上，可以增加多个停止按钮和启动按钮。

停止按钮接11-12(NC)

QF：断路器
FU：熔断器
KM：接触器
FR：热继电器
M：三相电机
SB：按钮开关

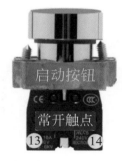
启动按钮接13-14(NO)

⑬ 电动机异地控制实物接线图

不一样的两地控制

QF1

QF2

SB1 停止按钮 常闭触点 11 12

SB2 停止按钮 常闭触点 11 12

SB3 启动按钮 常开触点 13 14

SB4 启动按钮 常开触点 13 14

停止按钮串联
启动按钮并联

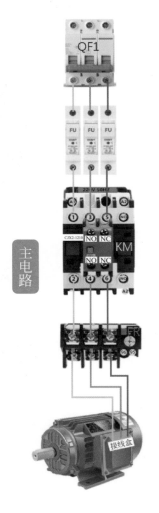

主电路

控制电路

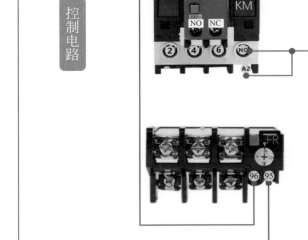

断路器：2个
熔断器：4个
接触器：1个
热继电器：1个
三相电动机：1个
按钮开关：4个

14 简易的两地控制实物接线图

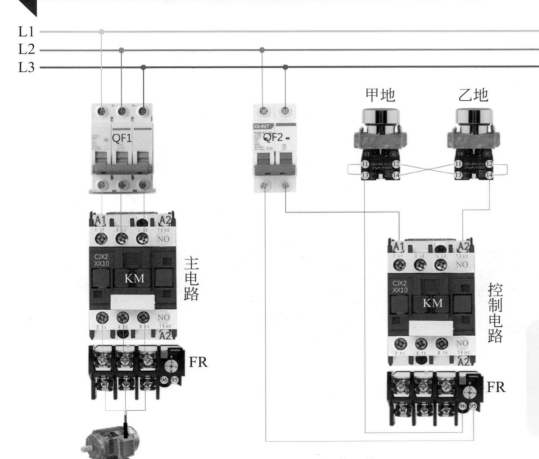

两个按钮开关都用自锁按钮，11-12是常闭触点，23-24是常开触点，按下以后常开触点闭合，常闭触点断开，松开以后仍然锁定。第二次按下再松开，两组触点复位。

此电路为简易的两地控制，只用了两个控制按钮，适用于对控制要求不高的电动机。当电动机过载时，热过载继电器跳闸。

15 三地控制的主电路实物接线图

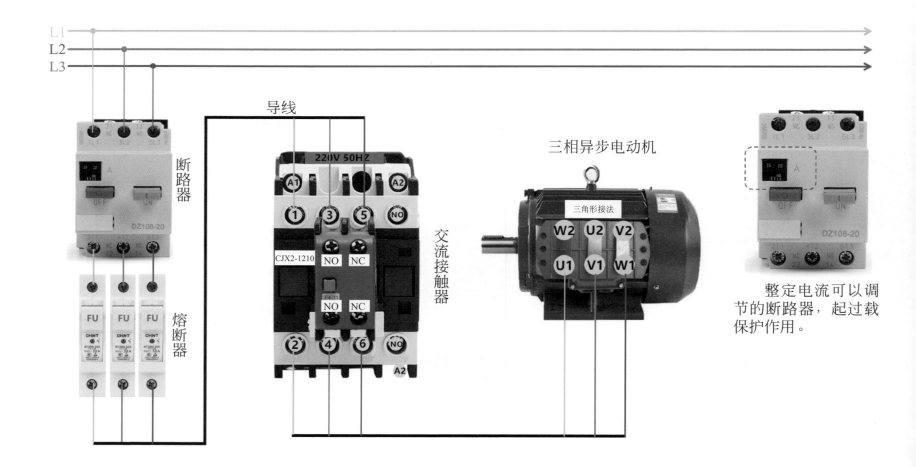

L1

L2

L3

导线

断路器

熔断器

交流接触器

三相异步电动机

三角形接法

整定电流可以调节的断路器，起过载保护作用。

⑯ 三地控制的控制电路原理图和实物接线图

三地控制

甲　　　　　乙　　　　　丙　　　　　　甲

停止按钮　　停止按钮　　停止按钮　　　启动按钮

常闭触点　　常闭触点　　常闭触点　　　常开触点

220V

零线

熔断器

火线

交流接触器

220V 50HZ

CJX2-1210

乙

启动按钮

常开触点

丙

启动按钮

常开触点

有热继电器时，此处可以串热继电器的常闭点

原理图

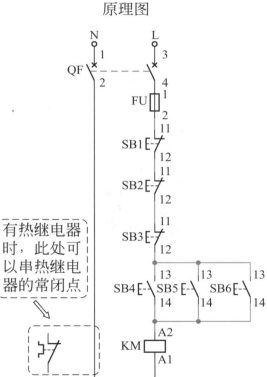

107

17 预警电路原理图和实物接线图

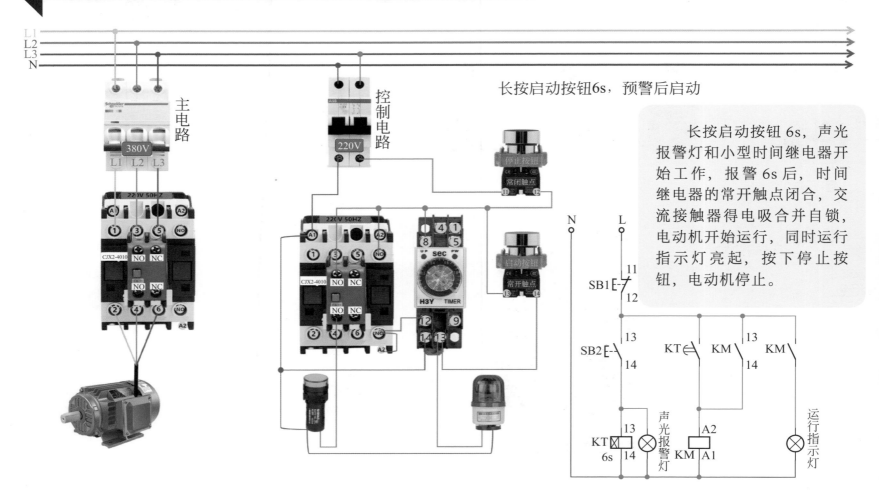

长按启动按钮6s，预警后启动

长按启动按钮 6s，声光报警灯和小型时间继电器开始工作，报警 6s 后，时间继电器的常开触点闭合，交流接触器得电吸合并自锁，电动机开始运行，同时运行指示灯亮起，按下停止按钮，电动机停止。

18 电磁抱闸制动电路原理图和实物接线图

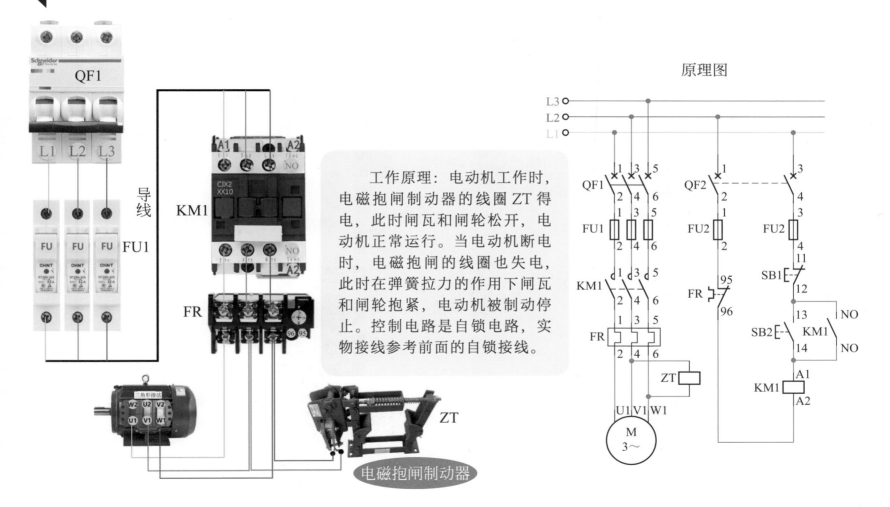

原理图

工作原理：电动机工作时，电磁抱闸制动器的线圈 ZT 得电，此时闸瓦和闸轮松开，电动机正常运行。当电动机断电时，电磁抱闸的线圈也失电，此时在弹簧拉力的作用下闸瓦和闸轮抱紧，电动机被制动停止。控制电路是自锁电路，实物接线参考前面的自锁接线。

电磁抱闸制动器

⑲ 短接制动电路原理图和实物接线图

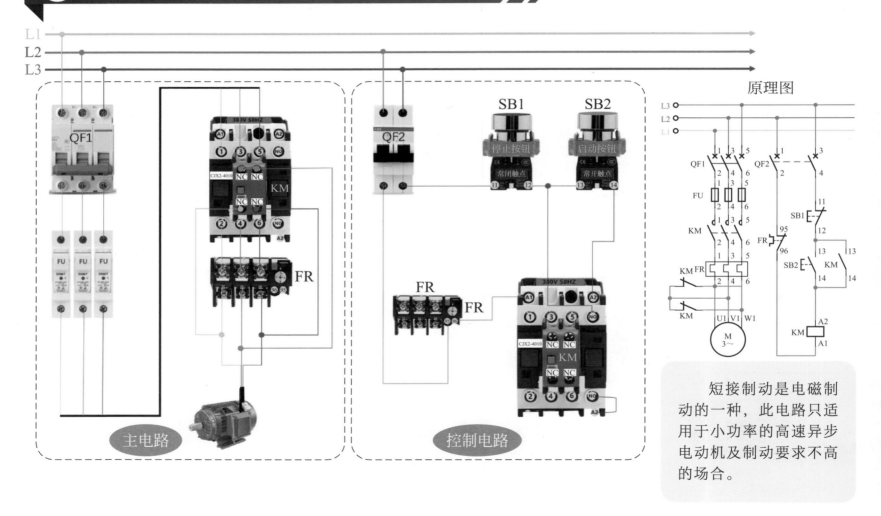

原理图

短接制动是电磁制动的一种，此电路只适用于小功率的高速异步电动机及制动要求不高的场合。

主电路

控制电路

20 正反转主电路原理图实物接线图

三相电机正反转
实物接线

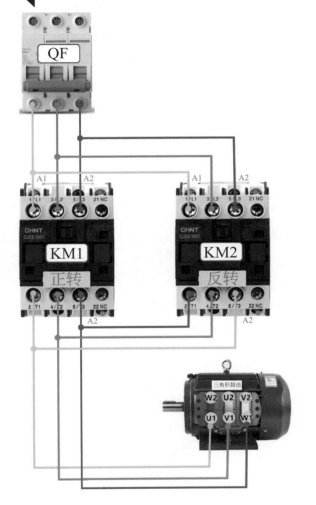

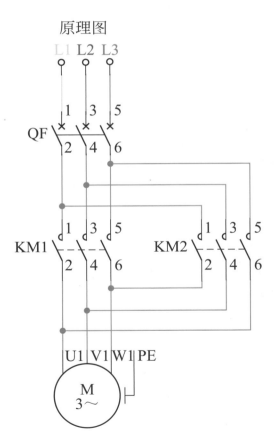

原理图

原理分析

接触器 KM1 控制正转；接触器 KM2 控制反转。改变任意两相的相序可以改变电动机的转向。例如：黄绿红三根线接三相电动机的 U1、V1、W1 为正转，红绿黄接 U1、V1、W1 时即为反转。

㉑ 正反转点动控制原理图和实物接线图（1）

正反转点动控制电路　　点动互锁正反转

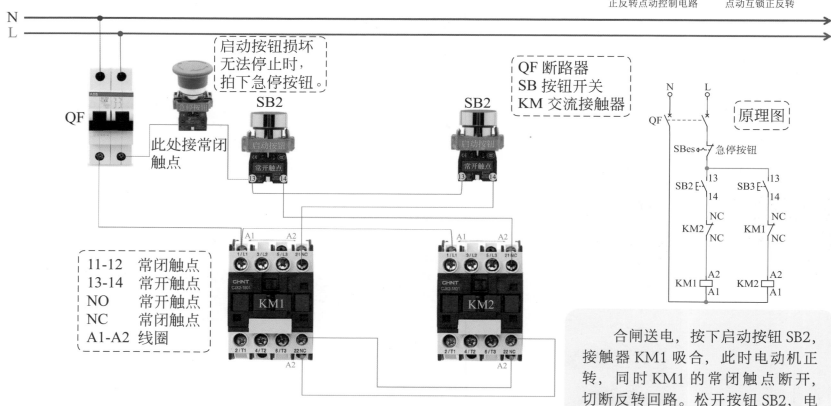

启动按钮损坏无法停止时，拍下急停按钮。

QF 断路器
SB 按钮开关
KM 交流接触器

此处接常闭触点

SB2

SB2

原理图

11-12　常闭触点
13-14　常开触点
NO　　常开触点
NC　　常闭触点
A1-A2　线圈

KM1

KM2

合闸送电，按下启动按钮 SB2，接触器 KM1 吸合，此时电动机正转，同时 KM1 的常闭触点断开，切断反转回路。松开按钮 SB2，电动机停止。反转同理。

22 正反转点动控制原理图和实物接线图（2）

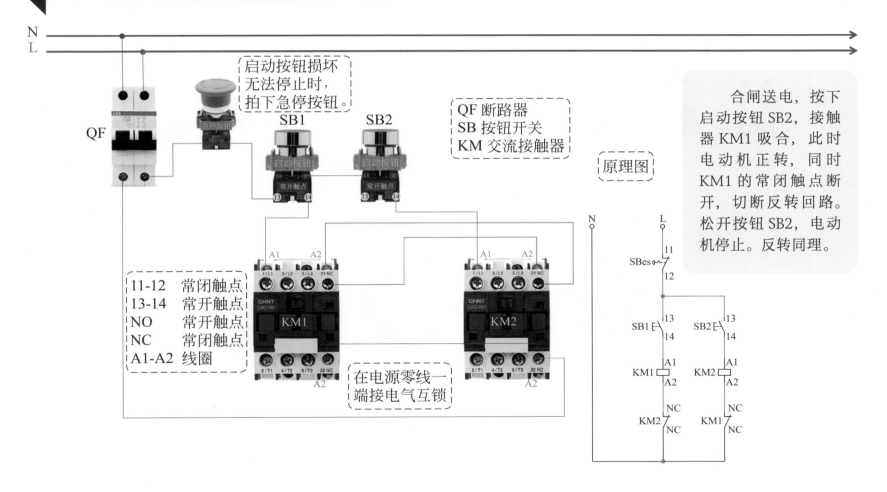

启动按钮损坏无法停止时，拍下急停按钮。

QF 断路器
SB 按钮开关
KM 交流接触器

原理图

11-12 常闭触点
13-14 常开触点
NO 常开触点
NC 常闭触点
A1-A2 线圈

在电源零线一端接电气互锁

合闸送电，按下启动按钮SB2，接触器KM1 吸合，此时电动机正转，同时KM1 的常闭触点断开，切断反转回路。松开按钮SB2，电动机停止。反转同理。

㉓ 正反转长动控制原理图和实物接线图

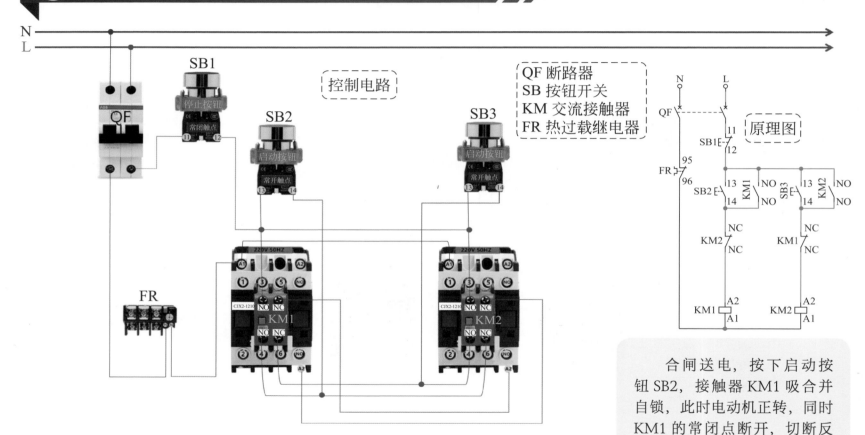

控制电路

QF 断路器
SB 按钮开关
KM 交流接触器
FR 热过载继电器

原理图

合闸送电，按下启动按钮 SB2，接触器 KM1 吸合并自锁，此时电动机正转，同时 KM1 的常闭点断开，切断反转回路。按下停止按钮 SB1，电动机停止。反转同理。

24 正反转控制主电路和控制电路原理图（双重互锁）

主电路　　　　　控制电路

互锁点动控制　　双重互锁　　正反转控制主电路

电气元件

QF：断路器
KM：交流接触器
FR：热继电器
SB：按钮开关

数字编号

1-3-5　进线端
2-4-6　出线端
11-12　常闭触点
13-14　常开触点
A1-A2　接触器线圈
95-96　常闭触点

原理分析

　　合闸送电，按下启动按钮 SB1，交流接触器 KM1 线圈得电，KM1 自锁，三相异步电动机正转运行。按下停止按钮 SB，电动机停止。按下启动按钮 SB2，电动机反转。

SB1和SB2之间为机械互锁，KM1和KM2之间为电气互锁。

　　电动机正转时，KM1 的常闭点断开，切断反转的回路。电动机反转时，KM2 的常闭点断开，切断正转的回路。当电动机正转时，按下反转启动按钮 SB2，SB2 的常闭点断开，正转停止，SB2 的常开点闭合，反转运行。同理，此时按下正转按钮 SB1，电动机反转停止开始正转，所以此电路正反转转换时无需按下停止按钮。如果电动机转速过高，惯性很大，不宜直接转换。

25 正反转控制电路实物接线图（双重互锁）

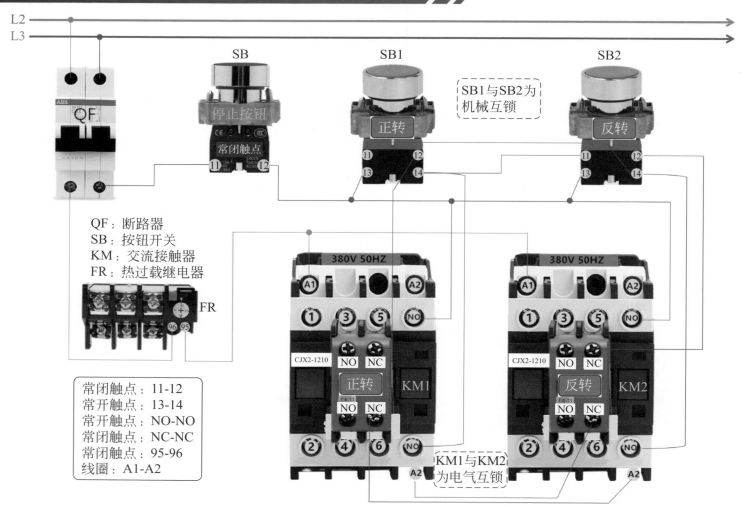

L2

L3

SB

SB1

SB2

SB1与SB2为
机械互锁

停止按钮

正转

反转

常闭触点

QF：断路器
SB：按钮开关
KM：交流接触器
FR：热过载继电器

FR

380V 50HZ

380V 50HZ

正转　KM1

反转　KM2

CJX2-1210

CJX2-1210

常闭触点：11-12
常开触点：13-14
常开触点：NO-NO
常闭触点：NC-NC
常闭触点：95-96
线圈：A1-A2

KM1与KM2
为电气互锁

㉖ 脚踏开关控制原理图和实物接线图

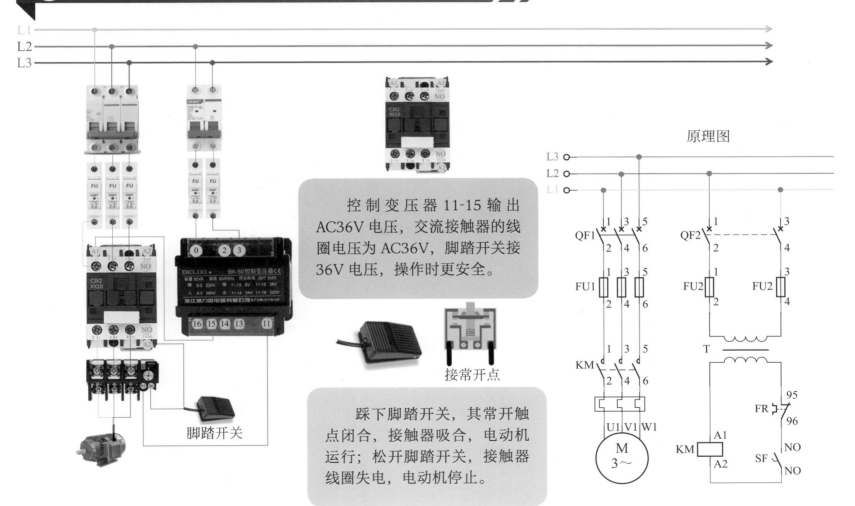

控制变压器 11-15 输出 AC36V 电压，交流接触器的线圈电压为 AC36V，脚踏开关接 36V 电压，操作时更安全。

接常开点

脚踏开关

踩下脚踏开关，其常开触点闭合，接触器吸合，电动机运行；松开脚踏开关，接触器线圈失电，电动机停止。

原理图

27 脚踏开关启停控制限位停止实物接线图

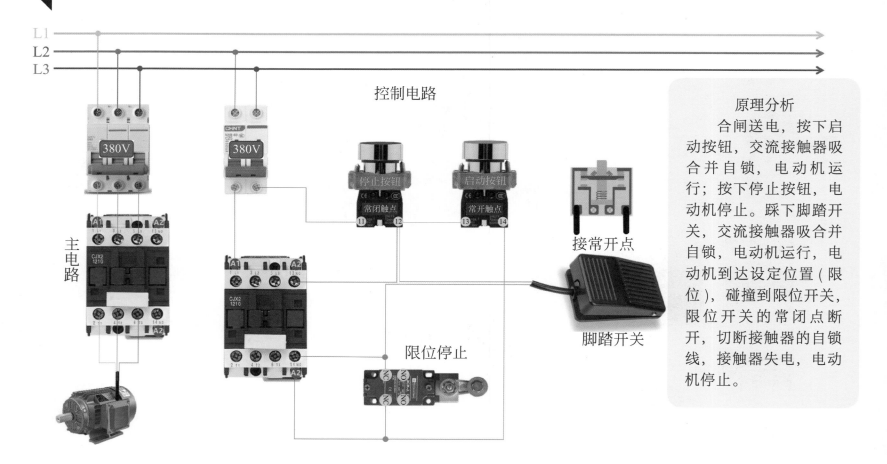

L1
L2
L3

控制电路

380V
380V

主电路

停止按钮
常闭触点
11 12

启动按钮
常闭触点
13 14

接常开点

脚踏开关

限位停止

原理分析

　　合闸送电，按下启动按钮，交流接触器吸合并自锁，电动机运行；按下停止按钮，电动机停止。踩下脚踏开关，交流接触器吸合并自锁，电动机运行，电动机到达设定位置（限位），碰撞到限位开关，限位开关的常闭点断开，切断接触器的自锁线，接触器失电，电动机停止。

28 单相电动机正反转电路原理图和实物接线图（1）

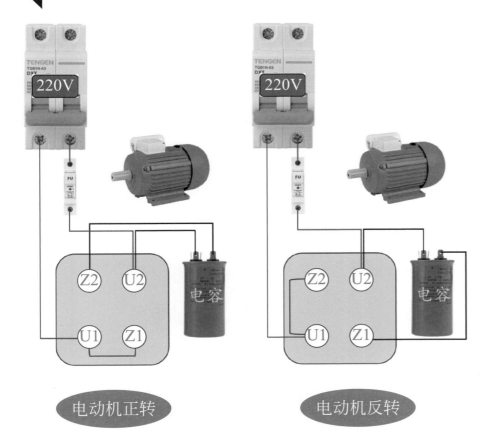

电动机正转

电动机反转

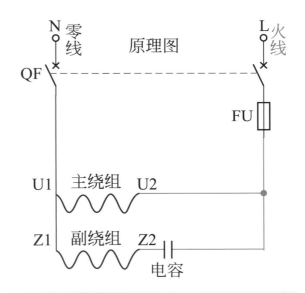

原理图

U1-U2 为主绕组，Z1-Z2 为副绕组，副绕组的阻值大于主绕组。两个绕组的一端连在一起为公共端，两个绕组的另一端接电容，单相电源接主绕组两端。

原理：调换副绕组首尾端的接线即可改变电动机的运行方向。

29 单相电动机正反转电路原理图和实物接线图（2）

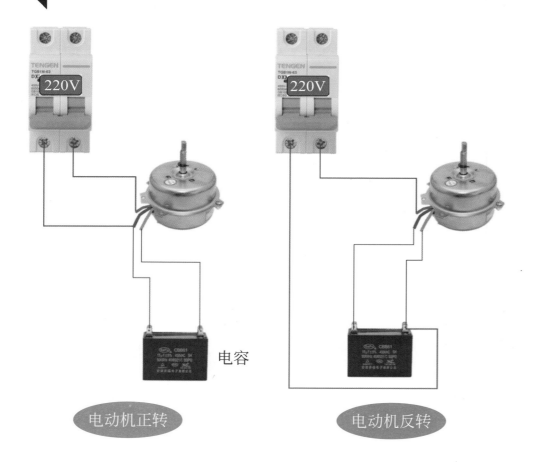

220V

电容

电动机正转

220V

电动机反转

原理图

N 零线

L 火线

QF

FU

主副绕组阻值相同

主绕组

电容

副绕组

A

K

B

如图所示：合闸送电，K、A 接通时为正转，K、B 接通时为反转。不区分主副绕组的单相电动机，只需改变电容一极 (A 和 B) 的接线即可实现正反转切换。

30 小吊机遥控器控制电路原理图和实物接线图

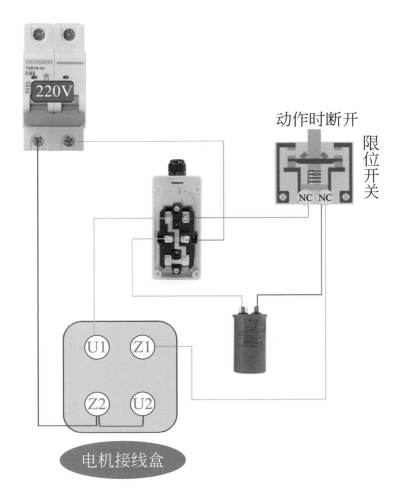

220V

动作时断开

限位开关

NC NC

U1 Z1
Z2 U2

电机接线盒

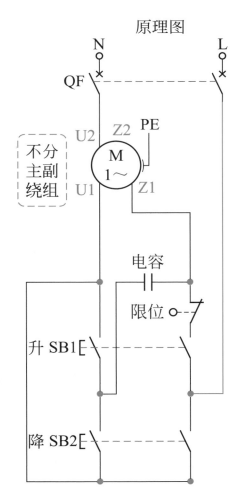

原理图

N L

QF

U2 Z2 PE

不分主副绕组

M 1～

U1 Z1

电容

限位

升 SB1

降 SB2

31 两个交流接触器控制单相电动机正反转主电路和控制电路原理图

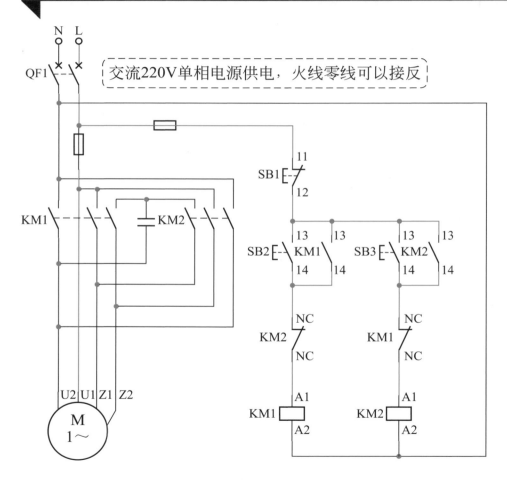

交流220V单相电源供电，火线零线可以接反

原理图

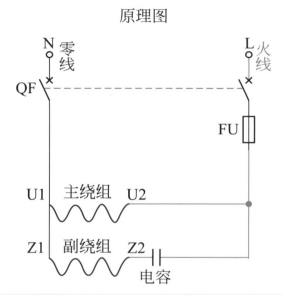

原理分析：合闸送电，按下正转启动按钮SB2，交流接触器KM1吸合，此时电动机接线如上图所示为正转。按下停止按钮SB1，电动机停止。再次按下反转按钮SB3，接触器KM2吸合，此时电动机副绕组反接，电动机反转运行。

32 两个交流接触器控制单相电动机正反转电路实物接线图

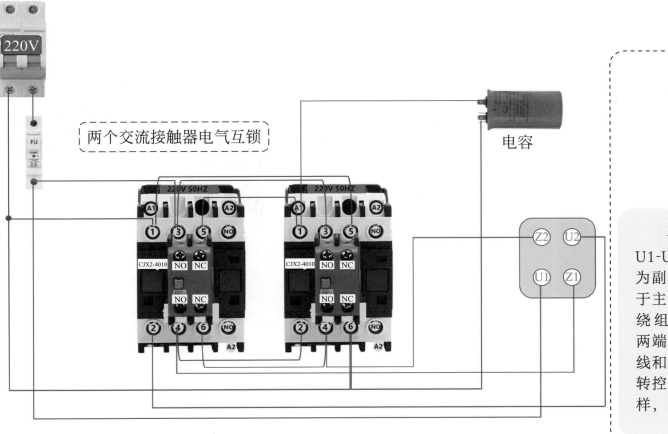

220V

FU

两个交流接触器电气互锁

电容

接线盒

去掉连接片再接线，U1-U2 为主绕组，Z1-Z2 为副绕组。副绕组阻值大于主绕组，主绕组为运行绕组，电源接在主绕组两端。控制电路的实物接线和三相异步电动机正反转控制的实物接线一模一样，此处不做赘述。

33 倒顺开关控制三相异步电动机正反转电路实物接线图

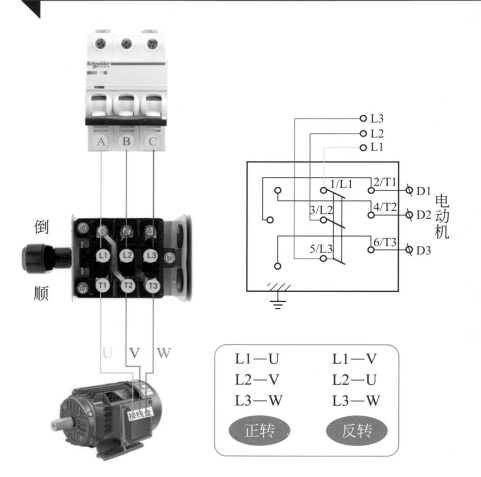

倒

顺

L1—U	L1—V
L2—V	L2—U
L3—W	L3—W

正转　　　　反转

L3
L2
L1

1/L1　2/T1　D1
3/L2　4/T2　D2
5/L3　6/T3　D3

电
动
机

手柄扳到"顺"位置时，三相电动机正转运行，扳到中间位置时为停止状态，扳到"倒"位置时，电动机为反转运行。

原理分析：通过改变接入电动机内部绕组的电源相序实现正反转切换。

34 倒顺开关控制双电容单相电动机正反转电路实物接线图

倒顺开关接双电
容单相电机

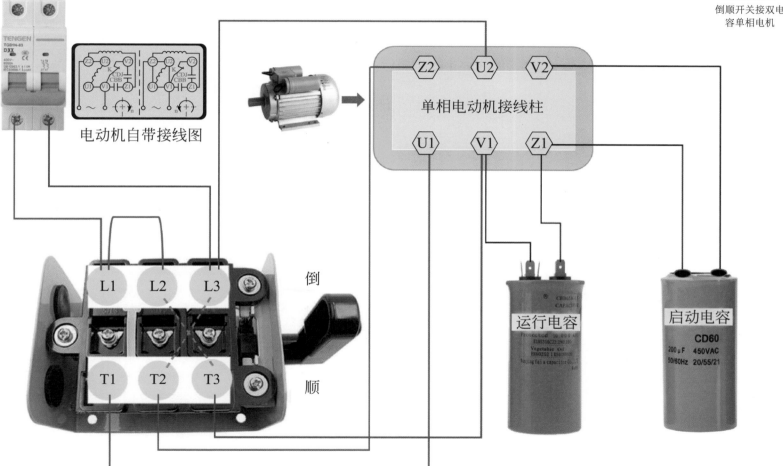

电动机自带接线图

单相电动机接线柱

运行电容

启动电容

CD60

200μF 450VAC
50/60Hz 20/55/21

倒

顺

③⑤ 小车自动往返主电路和控制电路原理图 ▶▶▶

工作示意图

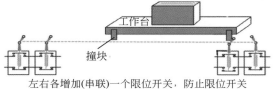

左右各增加(串联)一个限位开关，防止限位开关
损坏无法停止，加一道防护。

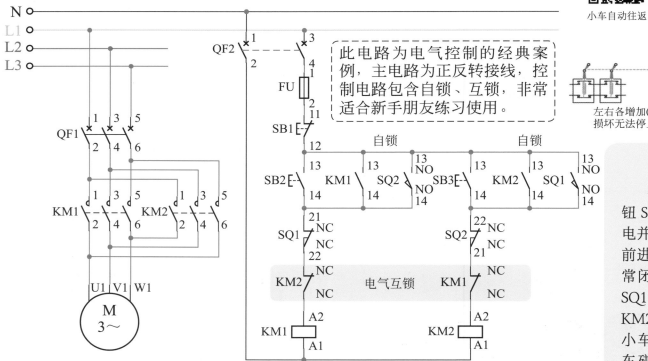

此电路为电气控制的经典案例，主电路为正反转接线，控制电路包含自锁、互锁，非常适合新手朋友练习使用。

原理分析

合闸送电，按下前进按钮 SB2，接触器 KM1 线圈得电并自锁，电动机正转，小车前进。碰到限位开关 SQ1，其常闭点断开，小车停止前进，SQ1 的常开点闭合，接触器 KM2 线圈得电，电动机反转，小车反向（后退）运行。当小车碰到限位开关 SQ2 时后退停止，SQ2 的常开点闭合，接触器 KM1 线圈得电，小车又前进运行，如此往复。按下停止按钮 SB1，小车停止。

36 小车自动往返控制电路实物接线图

工作示意图

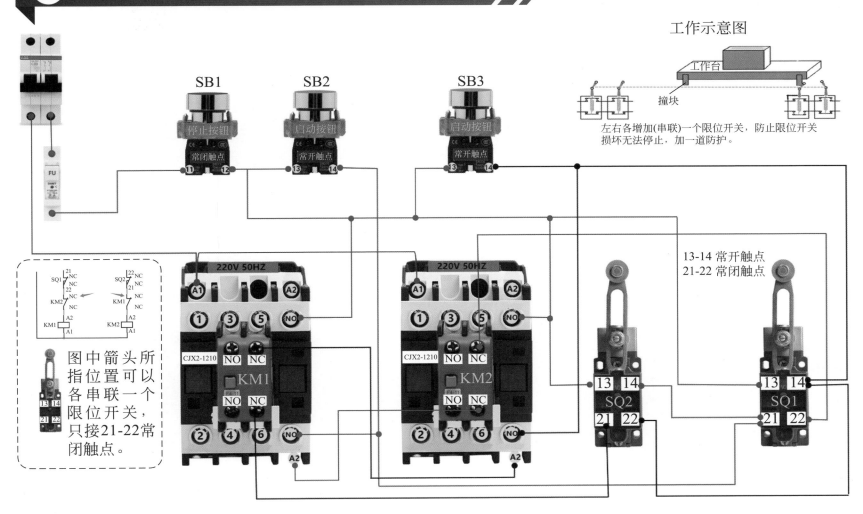

左右各增加(串联)一个限位开关,防止限位开关损坏无法停止,加一道防护。

SB1　停止按钮　常闭触点 ⑪⑫

SB2　启动按钮　常开触点 ⑬⑭

SB3　启动按钮　常开触点 ⑬⑭

图中箭头所指位置可以各串联一个限位开关,只接21-22常闭触点。

13-14 常开触点
21-22 常闭触点

220V 50HZ　KM1　CJX2-1210

220V 50HZ　KM2　CJX2-1210

SQ2　13 14　21 22

SQ1　13 14　21 22

37 单按钮正反转主电路和控制电路原理图

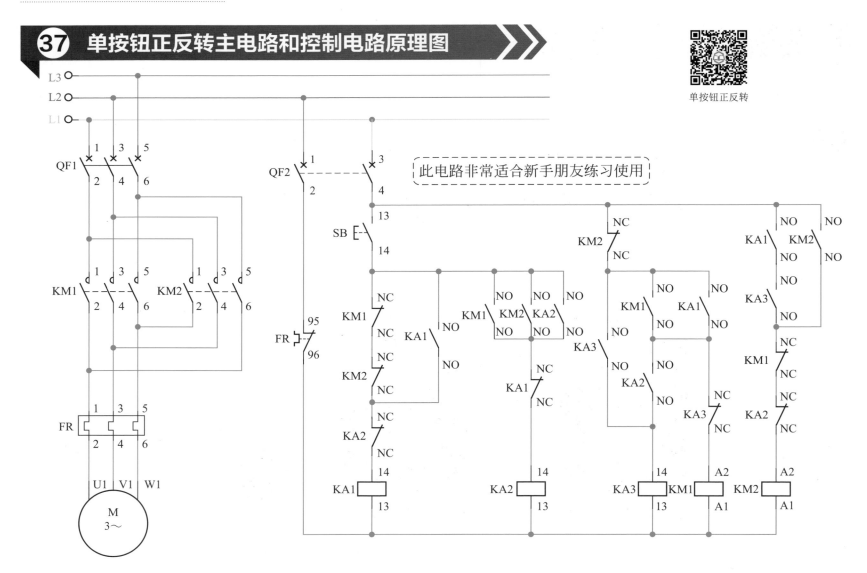

单按钮正反转

此电路非常适合新手朋友练习使用

38 三个交流接触器互锁主电路和控制电路原理图

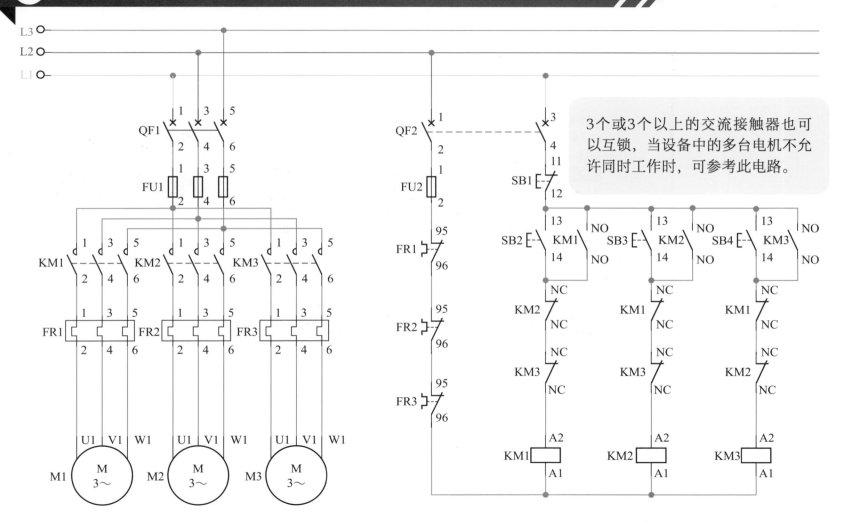

3个或3个以上的交流接触器也可以互锁，当设备中的多台电机不允许同时工作时，可参考此电路。

39 三个交流接触器互锁主电路实物接线图

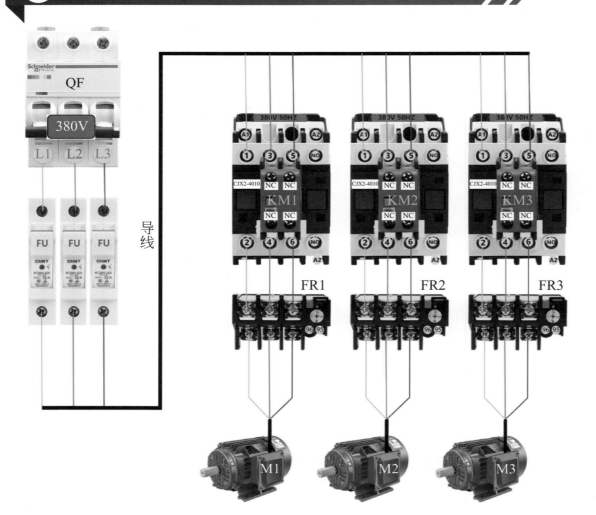

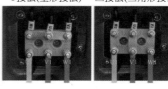

Y接法(星形接法)　△接法(三角形接法)

三相异步电动机的2种接法，根据要求选择合适的接线即可。

QF：断路器
FU：熔断器
KM：交流接触器
FR：热过载继电器
M：电动机

40 三个交流接触器互锁控制电路实物接线图

三个交流接触器
互锁

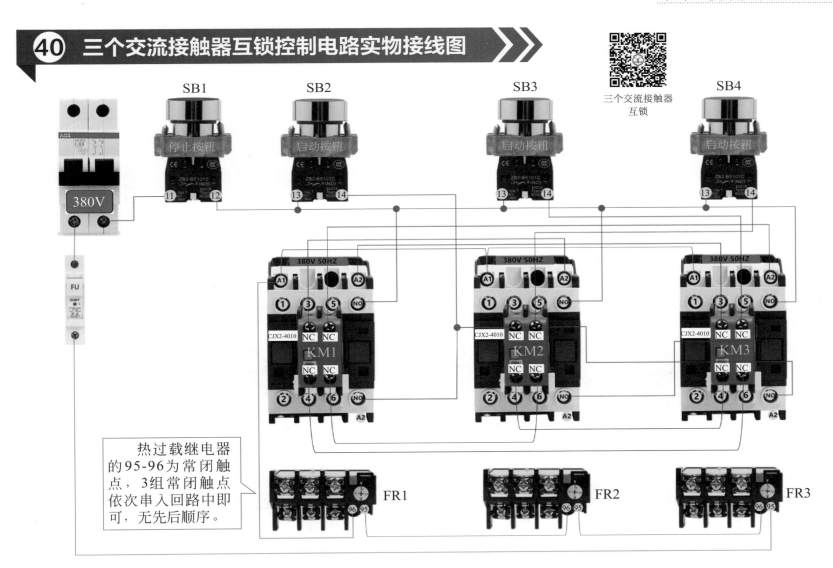

热过载继电器的95-96为常闭触点，3组常闭触点依次串入回路中即可，无先后顺序。

41 行车遥控器主电路实物接线图

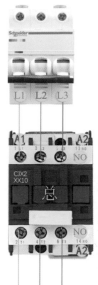

　　总接触器控制启停，其他 6 个接触器控制方向，上和下是一组正反转控制，东和西是一组正反转控制，南和北是一组正反转控制。正反转接线时需要改变一组相序，比如：电动机正转时接线为 L1L2L3，反转时则为 L3L2L1 或者 L1L3L2、L2L1L3。另外控制方向的 6 个接触器，辅助触点为常闭触点，正反转控制时必须电气互锁。

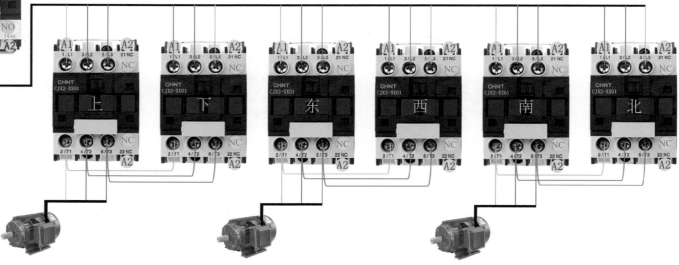

42 行车遥控器控制电路实物接线图

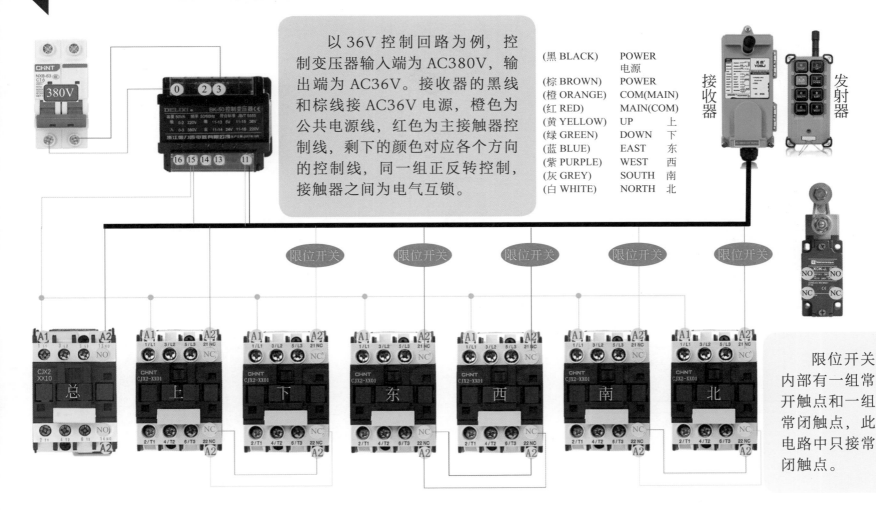

以 36V 控制回路为例，控制变压器输入端为 AC380V，输出端为 AC36V。接收器的黑线和棕线接 AC36V 电源，橙色为公共电源线，红色为主接触器控制线，剩下的颜色对应各个方向的控制线，同一组正反转控制，接触器之间为电气互锁。

(黑 BLACK)	POWER 电源
(棕 BROWN)	POWER
(橙 ORANGE)	COM(MAIN)
(红 RED)	MAIN(COM)
(黄 YELLOW)	UP 上
(绿 GREEN)	DOWN 下
(蓝 BLUE)	EAST 东
(紫 PURPLE)	WEST 西
(灰 GREY)	SOUTH 南
(白 WHITE)	NORTH 北

接收器

发射器

限位开关 限位开关 限位开关 限位开关 限位开关

总 上 下 东 西 南 北

限位开关内部有一组常开触点和一组常闭触点，此电路中只接常闭触点。

43 电接点压力表简易控制实物接线图

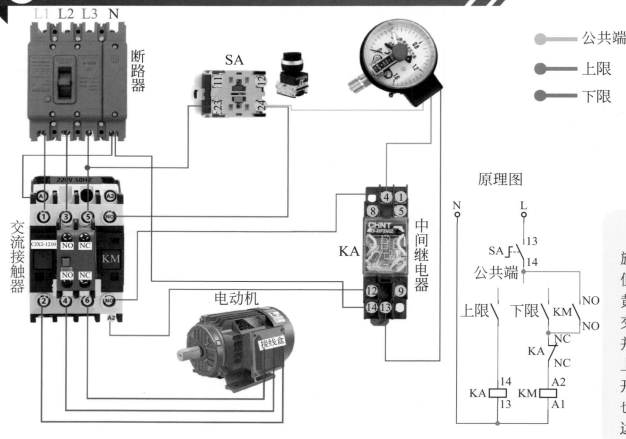

L1 L2 L3 N

断路器

SA

交流接触器

CJX2-1210

KM

电动机

接线盒

KA

中间继电器

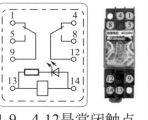

公共端

上限

下限

8脚中间继电器

1-9、4-12是常闭触点
5-9、8-12是常开触点
13-14接AC220V电源

原理图

N ○   ○ L

SA ├─┤ 13
        14
公共端 ○

上限   下限   KM ○ NO
                      ○ NO
        KA ┤├ NC

              NC

KA [ ] 14   KM [ ] A2
      13   A1

原理分析：合闸送电，旋钮开关闭合，当实际压力值低于下限压力时，公共端黄线和绿线（下限）接通，交流接触器KM线圈得电并自锁，当压力值在下限和上限之间时，黄线和绿线断开，此时黄线和红线（上限）也是断开状态，当压力值到达上限值时，黄线和红线接通，中间继电器KA线圈得电，KA的常闭点断开，交流接触器失电。

44 电接点压力表手/自动控制电路原理图和实物接线图

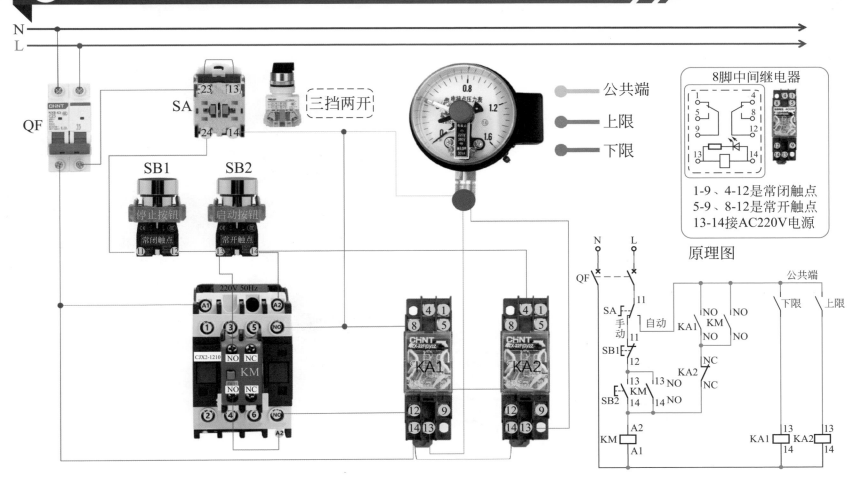

公共端
上限
下限

8脚中间继电器

1-9、4-12是常闭触点
5-9、8-12是常开触点
13-14接AC220V电源

原理图

三挡两开

45 电接点压力表低启高停电路原理图

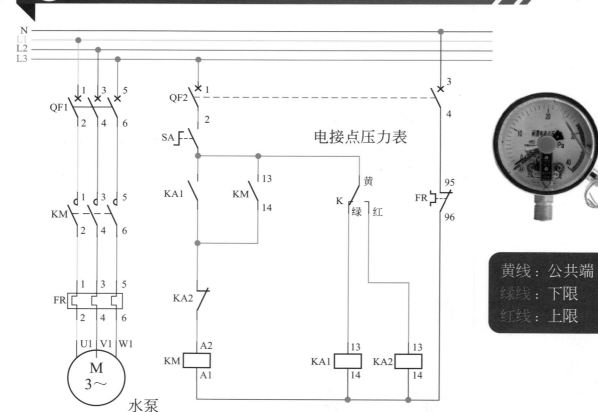

电接点压力表

黄线：公共端
绿线：下限
红线：上限

原理分析：当压力低于下限时，公共端黄线与绿线导通、与红线断开，此时中间继电器KA1线圈得电，KA1的常开点闭合，接触器KM线圈得电并自锁，水泵开始工作。当压力到达上限时，公共黄线与红线导通、与绿线断开，此时中间继电器KA2线圈得电，KA2的常闭触点断开，交流接触器KM线圈失电，水泵停止。

46 三相电动机延时停止主电路和控制电路实物接线图

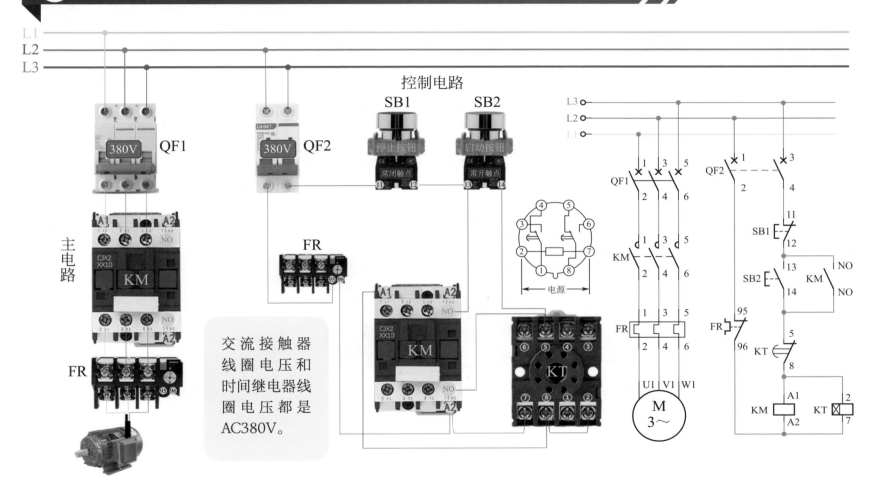

L1
L2
L3

控制电路

SB1   SB2

380V QF1

380V QF2

停止按钮   启动按钮

常闭触点   常开触点

主电路

FR

KM

交流接触器线圈电压和时间继电器线圈电压都是AC380V。

FR

KM

电源

KT

47 **断电延时时间继电器控制电动机延时停止实物接线图**

两合电机循环工作

控制电路

SB1 SB2

停止按钮 启动按钮

断电延时时间继电器

外部复位信号

电源

A火线
B火线
C火线
N零线
PE地线

380V

220V

复位
按钮

主电路

CJX2
XX10

CHNT

KT

CJX2
XX10

KM

原理分析

　　合闸送电，按下启动按钮，中间继电器吸合自锁，同时时间继电器 KT 线圈得电，KT 的常开触点 8 和 6 闭合，交流接触器吸合，电动机开始工作。按下停止按钮，中间继电器和时间继电器线圈失电，此时时间继电器断电延时，10s 后常开触点 8 和 6 断开复位，接触器线圈失电，电动机停止。10s 延时时间之内，也可以按下复位按钮，常开触点 8 和 6 立即复位，电动机停止。

48 两台电动机循环工作主电路和控制电路原理图

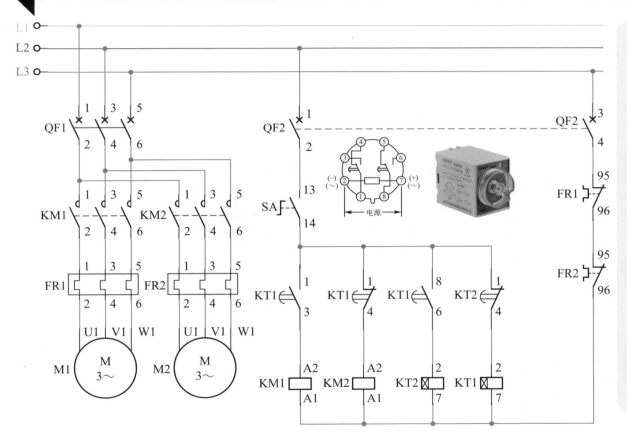

原理分析

原理分析：合闸送电，旋钮开关 SA 闭合，接触器 KM2 吸合，电动机 M2 开始运行，同时时间继电器 KT1 得电。假设设定时间为 10s，10s 以后 KT1 常闭点断开，KM2 失电，电动机 M2 停止，KT1 常开点闭合，KM1 得电，电动机 M1 开始运行，KT1 另一组常开点闭合，KT2 得电，KT2 设定时间也为 10s，10s 以后 KT2 的常闭点 1-4 断开，KT1 断电，KT1 的触点复位，接触器 KM2 再次吸合，电动机 M2 运行，如此往复循环工作。

49 两台电动机循环工作控制电路实物接线图

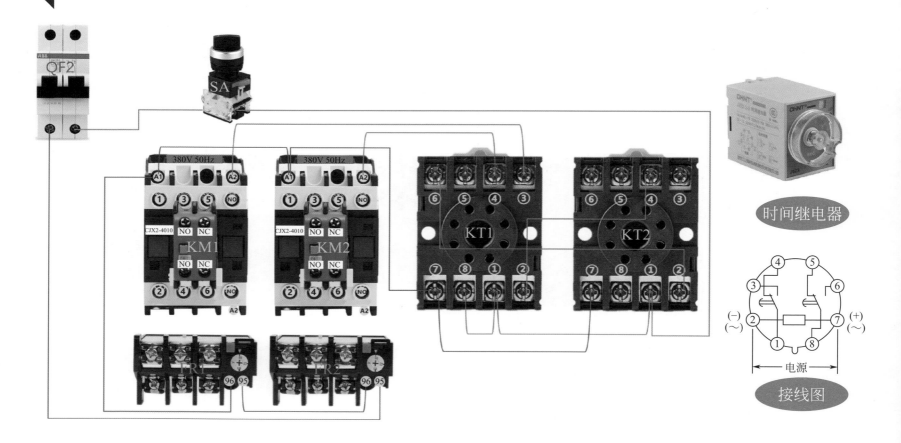

QF2

SA

380V 50Hz 380V 50Hz

KM1 KM2 KT1 KT2

CJX2-4010 CJX2-4010

时间继电器

接线图

50 钢筋弯箍机主电路原理图和实物接线图

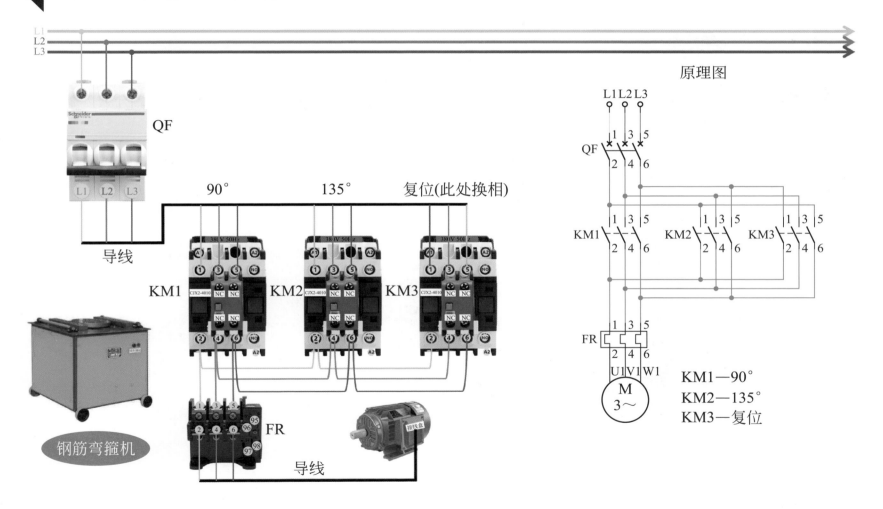

原理图

90°　　135°　　复位(此处换相)

导线

KM1　KM2　KM3

FR

导线

钢筋弯箍机

KM1—90°
KM2—135°
KM3—复位

51 钢筋弯箍机控制电路原理图和实物接线图

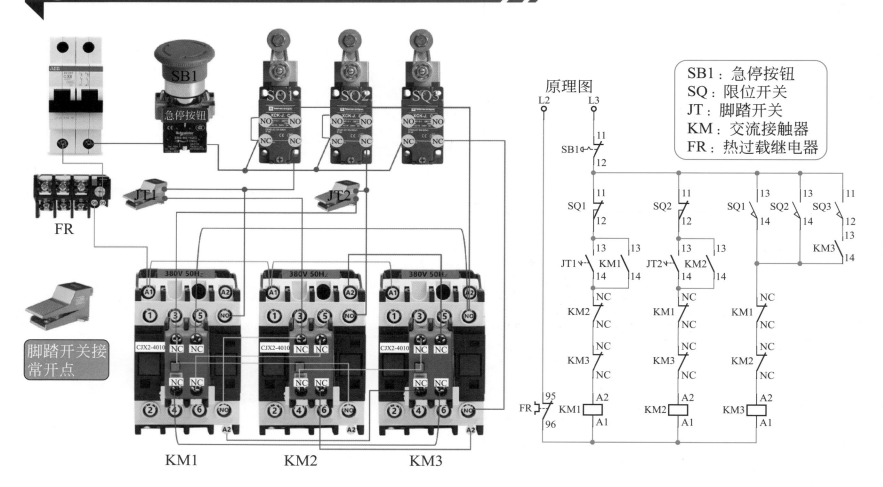

SB1：急停按钮
SQ：限位开关
JT：脚踏开关
KM：交流接触器
FR：热过载继电器

原理图

脚踏开关接
常开点

52　星三角降压启动主电路原理图和实物接线图

三相电机星接和
角接

380V

L1　L2　L3

封星(中性点)

原理图

L1 L2 L3

QF1

KM1

FR

U1　V1　W1

M
3～

KM2

W2　U2　V2

KM3

220V 50Hz

CJX2-1210　NO　NC

NO　NC

主

A2

220V 50Hz

CJX2-1210　NO　NC

NO　NC

角

A2

220V 50Hz

CJX2-1210　NO　NC

NO　NC

星

A2

96　95

Y接法(星形接法)　　△接法(三角形接法)

U　V　W　　　U　V　W

先拆掉三相电动机接线端
子上的连接片再接线。

U1　V1　W1　W2　U2　V2

53 手动控制星三角降压启动控制电路实物接线图

手动星三角启动

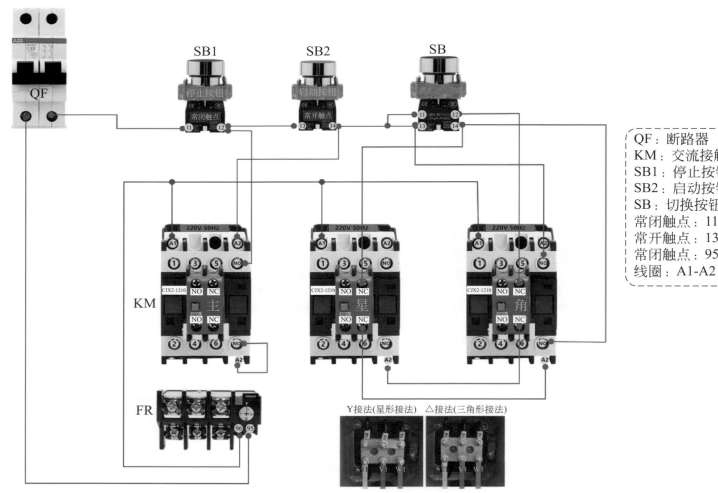

QF：断路器
KM：交流接触器
SB1：停止按钮
SB2：启动按钮
SB：切换按钮
常闭触点：11-12
常开触点：13-14
常闭触点：95-96
线圈：A1-A2

54 手动控制星三角降压启动主电路和控制电路原理图

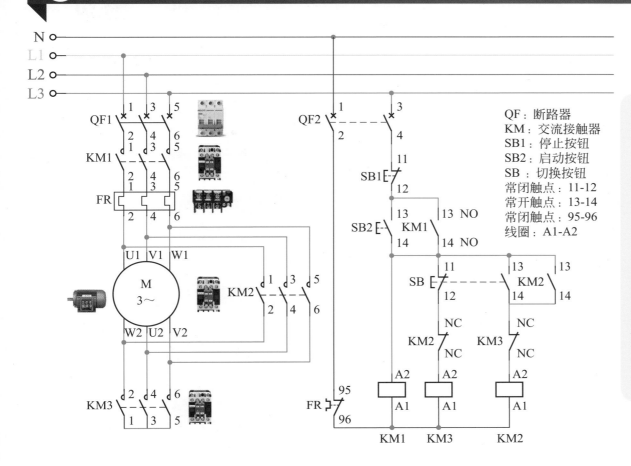

QF：断路器
KM：交流接触器
SB1：停止按钮
SB2：启动按钮
SB ：切换按钮
常闭触点：11-12
常开触点：13-14
常闭触点：95-96
线圈：A1-A2

原理分析

合闸送电，按下启动按钮 SB2，主接触器 KM1 和星接触器 KM3 得电吸合，此时三相异步电动机为星形接法。启动完成以后再按下切换按钮 SB，SB 的常闭触点断开，切断星接触器回路，星接触器失电。SB 的常开触点闭合，角接触器 KM2 自锁，KM2 和 KM3 之间电气互锁，此时 KM1 和 KM2 同时工作，电动机为三角形接法。

55 自动控制星三角降压启动主电路和控制电路原理图

自动星三角降压启动

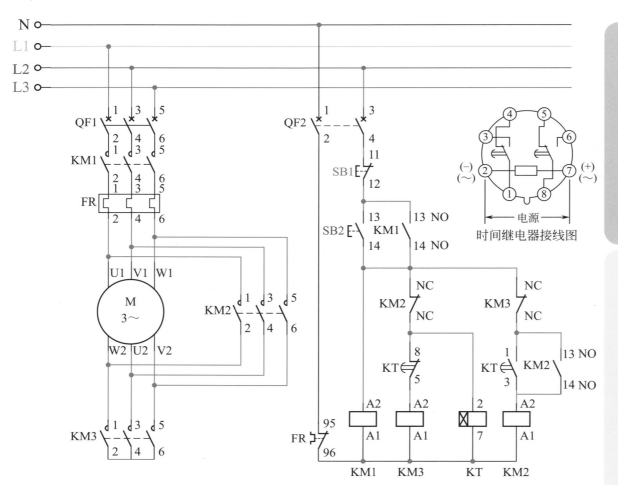

星三角降压启动原理

三相交流电动机启动时，电动机定子绕组为 Y 形连接，每相绕组的电压为相电压 (220V) 此时为降压启动。当电动机的转速达到一定值时，通过控制电路将电动机的定子绕组换接为角形，电动机每相绕组的电压为 380V，此时为全压运行。

原理分析

合闸送电，按下启动按钮 SB2，交流接触器 KM1 得电自锁，星接触器 KM3 和时间继电器同时工作，此时电动机为星形接法，到达时间继电器设定时间，KT 的常闭点断开，星接触器失电，KT 的常开点闭合，角接触器自锁，此时电动机为三角形接法。

56 自动控制星三角降压启动控制电路实物接线图

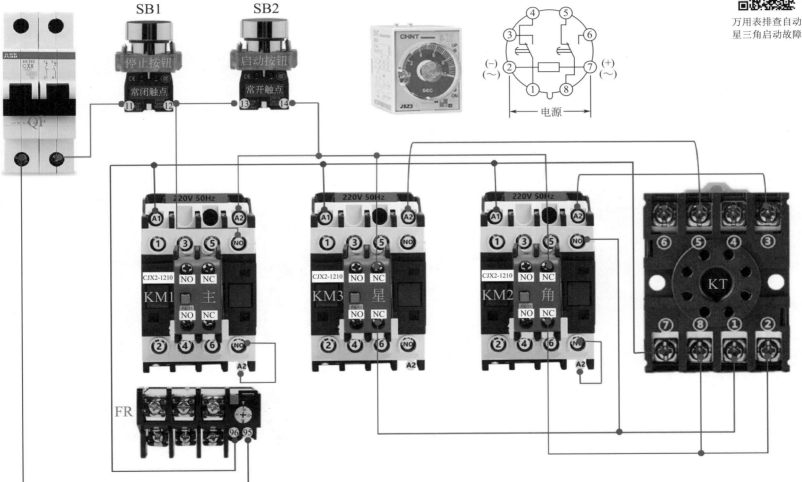

57 星三角正反转手动控制主电路实物接线图

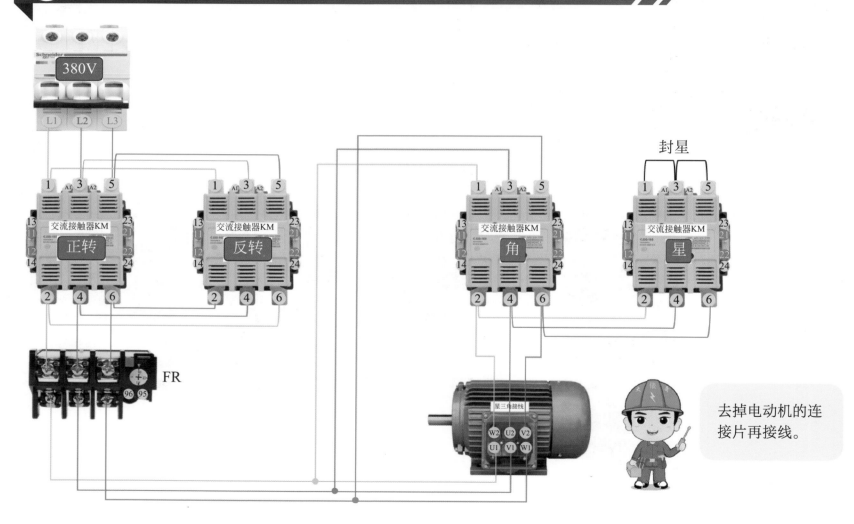

380V

L1 L2 L3

交流接触器KM
正转

交流接触器KM
反转

交流接触器KM
角

交流接触器KM
星

封星

FR

星三角接线

W2 U2 V2
U1 V1 W1

去掉电动机的连接片再接线。

58 星三角正反转控制电路实物接线图

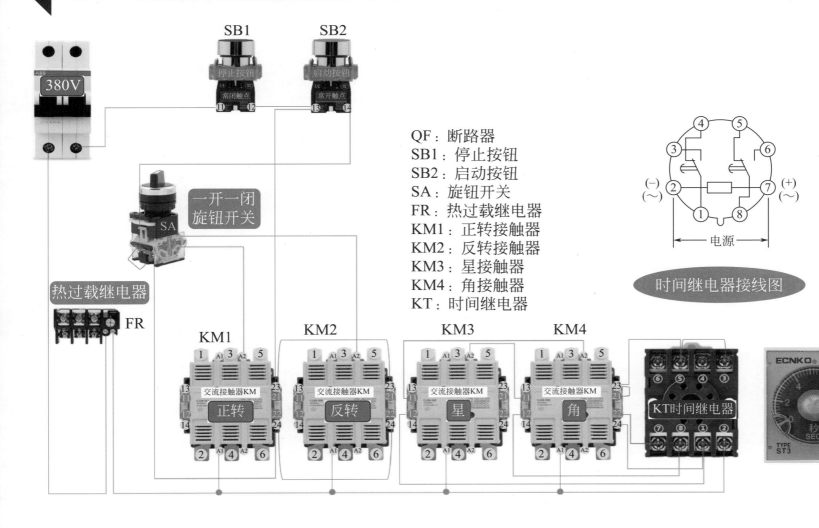

SB1 SB2

380V

停止按钮 启动按钮

常闭触点 常开触点

一开一闭
旋钮开关

SA

热过载继电器

FR

KM1 KM2 KM3 KM4

交流接触器KM 正转

交流接触器KM 反转

交流接触器KM 星

交流接触器KM 角

KT时间继电器

QF：断路器
SB1：停止按钮
SB2：启动按钮
SA：旋钮开关
FR：热过载继电器
KM1：正转接触器
KM2：反转接触器
KM3：星接触器
KM4：角接触器
KT：时间继电器

电源

时间继电器接线图

ECNKO
秒 SEC
TYPE ST3

59 星三角正反转降压启动主电路和控制电路原理图

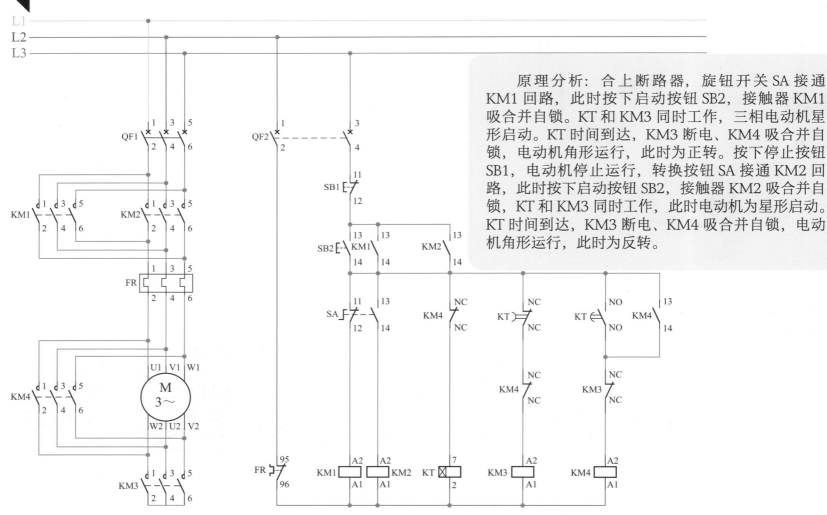

原理分析：合上断路器，旋钮开关 SA 接通 KM1 回路，此时按下启动按钮 SB2，接触器 KM1 吸合并自锁。KT 和 KM3 同时工作，三相电动机星形启动。KT 时间到达，KM3 断电、KM4 吸合并自锁，电动机角形运行，此时为正转。按下停止按钮 SB1，电动机停止运行，转换按钮 SA 接通 KM2 回路，此时按下启动按钮 SB2，接触器 KM2 吸合并自锁，KT 和 KM3 同时工作，此时电动机为星形启动。KT 时间到达，KM3 断电、KM4 吸合并自锁，电动机角形运行，此时为反转。

60 手动控制星三角正反转控制电路原理图

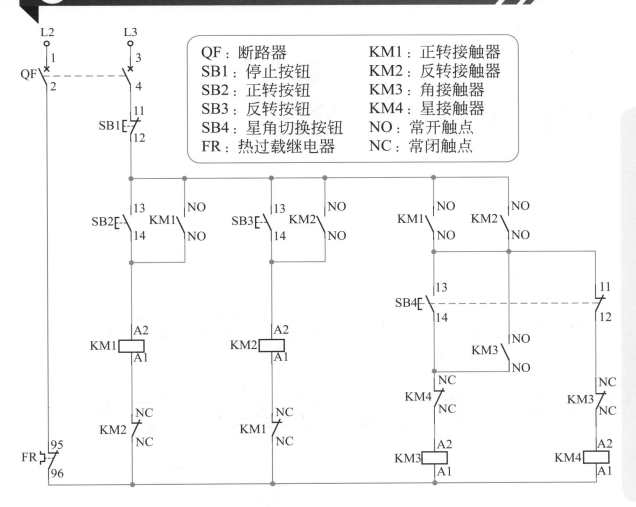

QF：断路器	KM1：正转接触器
SB1：停止按钮	KM2：反转接触器
SB2：正转按钮	KM3：角接触器
SB3：反转按钮	KM4：星接触器
SB4：星角切换按钮	NO：常开触点
FR：热过载继电器	NC：常闭触点

原理分析

合上断路器，按下正转按钮 SB2，交流接触器 KM1 得电吸合并自锁，同时 KM1 辅助常开点闭合，接触器 KM4 也得电吸合，此时电动机为星形接法。电动机启动完成，再次按下切换按钮 SB4，SB4 的常闭点断开，接触器 KM4 失电，SB4 的常开点闭合，接触器 KM3 得电吸合并自锁，此时电动机为三角形接法，整个过程电动机的接线为星形启动角形运行。按下停止按钮 SB1，电动机停止。反转运行的工作原理和正转相同，此处不再赘述。

61 手动控制星三角正反转控制电路实物图

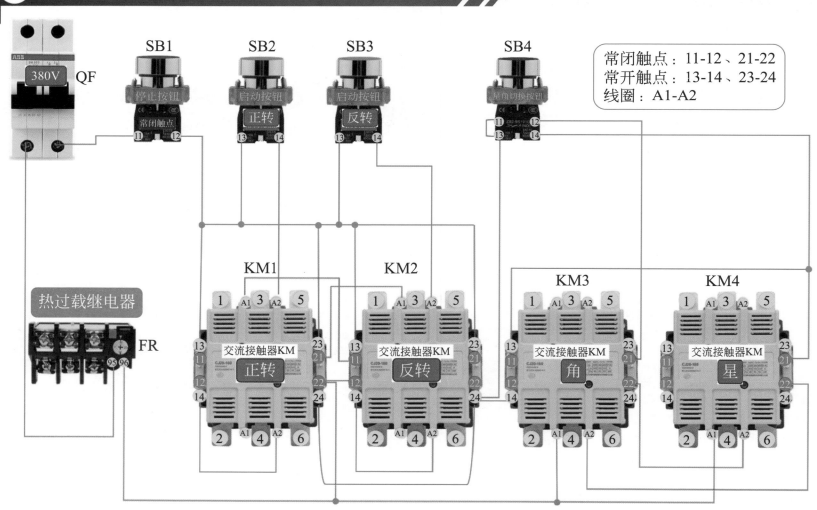

常闭触点：11-12、21-22
常开触点：13-14、23-24
线圈：A1-A2

62 两个接触器控制星三角降压启动主电路和控制电路原理图

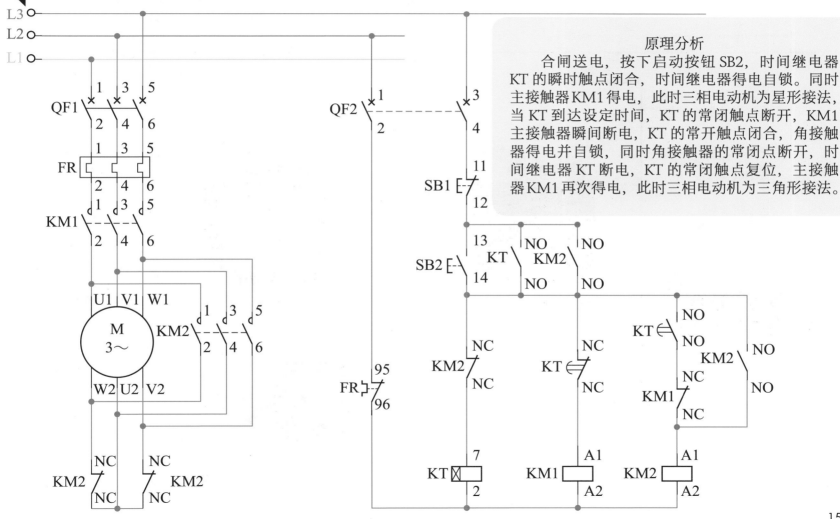

原理分析

　　合闸送电，按下启动按钮 SB2，时间继电器 KT 的瞬时触点闭合，时间继电器得电自锁。同时主接触器 KM1 得电，此时三相电动机为星形接法，当 KT 到达设定时间，KT 的常闭触点断开，KM1 主接触器瞬间断电，KT 的常开触点闭合，角接触器得电并自锁，同时角接触器的常闭点断开，时间继电器 KT 断电，KT 的常闭触点复位，主接触器 KM1 再次得电，此时三相电动机为三角形接法。

63 两个接触器控制星三角启动主电路实物接线图

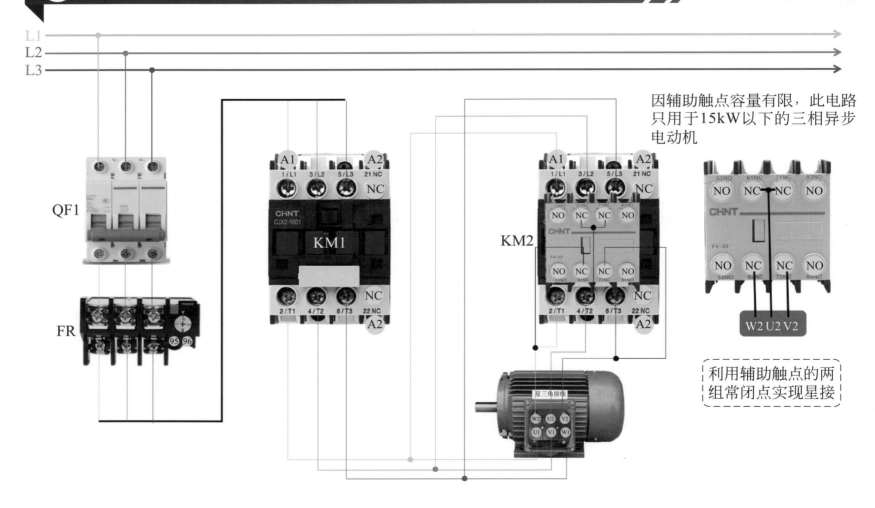

L1
L2
L3

QF1

FR

KM1

KM2

因辅助触点容量有限，此电路只用于15kW以下的三相异步电动机

W2 U2 V2

利用辅助触点的两组常闭点实现星接

64 两个接触器控制星三角启动控制电路实物接线图

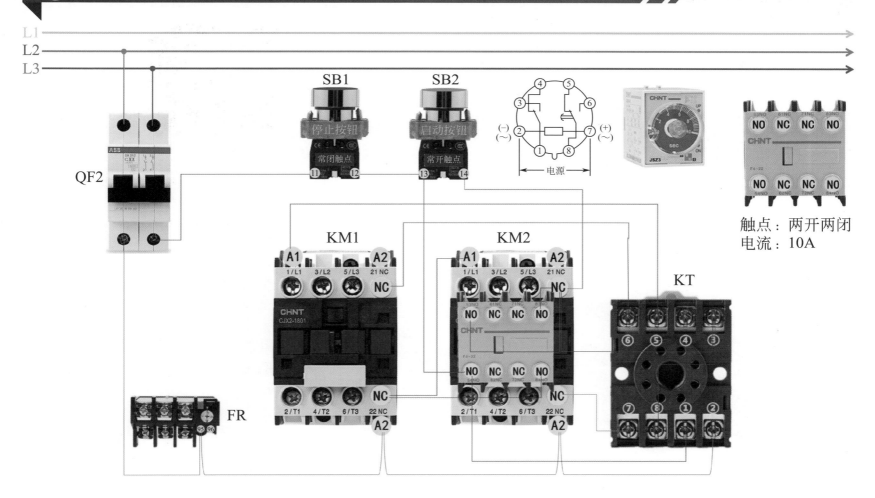

触点：两开两闭
电流：10A

65 空气延时触头控制星三角降压启动主电路和控制电路原理图

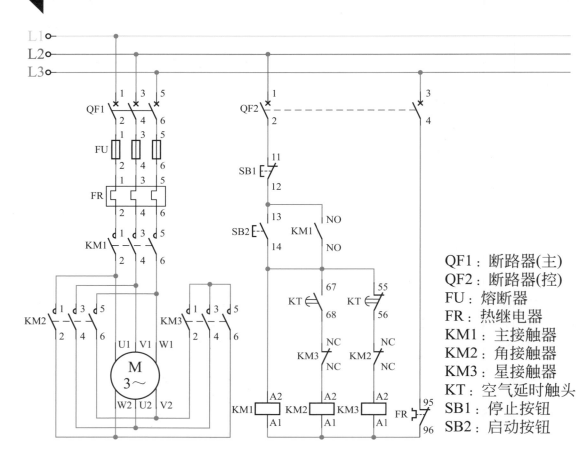

67-68：常开触点
55-56：常闭触点

QF1：断路器(主)
QF2：断路器(控)
FU：熔断器
FR：热继电器
KM1：主接触器
KM2：角接触器
KM3：星接触器
KT：空气延时触头
SB1：停止按钮
SB2：启动按钮

原理分析

断路器接通电源，按下启动按钮 SB2，交流接触器 KM1 得电吸合并自锁，同时接触器 KM3 线圈得电，此时三相电动机为星形接法。空气延时触头是安装在 KM1 上的，KM1 吸合时空气延时触头 KT 开始工作。到达设定时间，KT 的常闭触点断开，接触器 KM3 线圈失电，KT 的常开触点闭合，接触器 KM2 线圈得电，此时 KM1 和 KM2 同时工作，三相电动机为三角形接法。启动过程中，空气延时触头的常开点和常闭点起到星角转换的作用。按下停止按钮 SB1，电动机停止。

66 空气延时触头控制星三角降压启动控制电路实物接线图

空气延时触头
控制的星三角

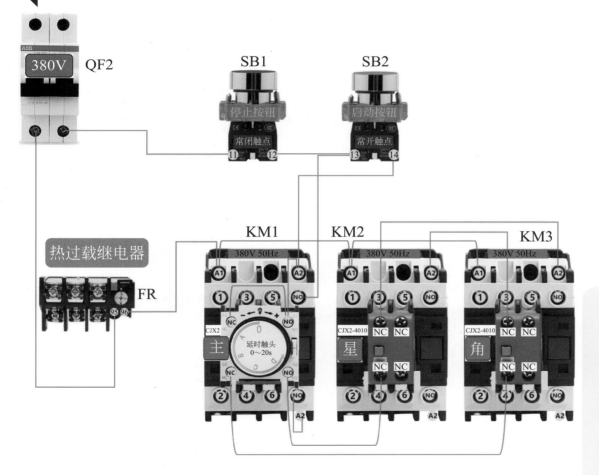

通电延时辅助触头

NO：常开触点
NC：常闭触点

原理分析

　　合闸送电，按下启动按钮 SB2，主接触器和星接触器吸合，延时触头开始计时，假设我们设置的是15s，15s 以后常开触点闭合，角接触器得电，常闭触点断开，星接触器失电，角接触器和星接触器之间为电气互锁。

67 自耦变压器降压启动主电路和控制电路原理图（1）

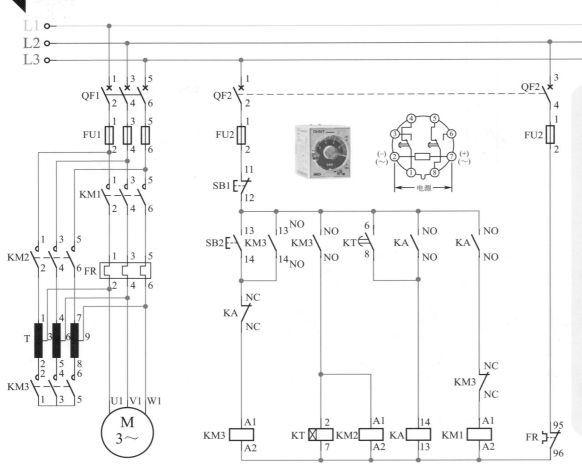

原理分析

　　合上断路器，接通电源，按下启动按钮 SB2，交流接触器 KM3 得电并自锁。三组主触点闭合，自耦变压器星接，常开触点闭合，时间继电器 KT 和接触器 KM2 线圈得电，此时为自耦变压器连接电动机，减压启动。KT 到达设定时间，KT 的常开触点闭合，中间继电器 KA 线圈得电自锁，KA 常开触点闭合，接触器 KM1 线圈得电。KA 常闭触点断开，KM3 线圈失电，KM3 触点复位，KM2 和 KT 同时断电。此时 KA 和 KM1 工作，电动机直接接入三相电源，全压运行。

68 自耦变压器降压启动主电路实物接线图

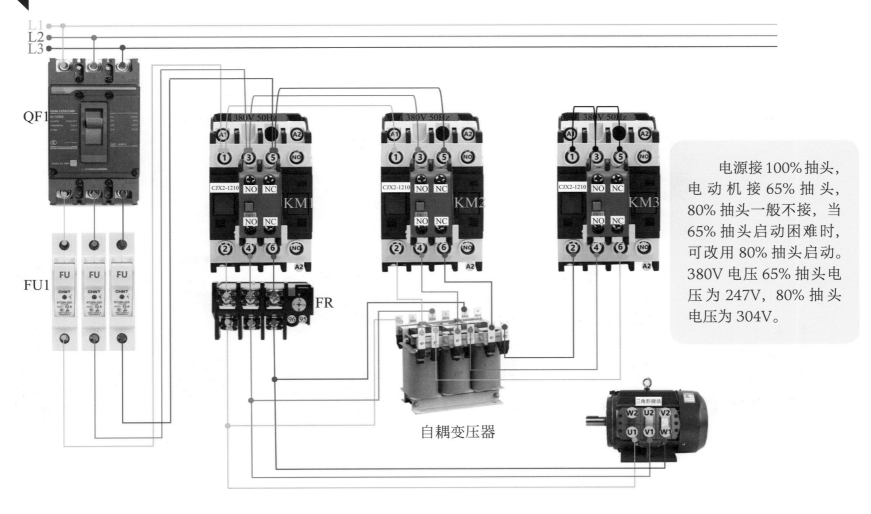

电源接 100% 抽头，电动机接 65% 抽头，80% 抽头一般不接，当 65% 抽头启动困难时，可改用 80% 抽头启动。380V 电压 65% 抽头电压为 247V，80% 抽头电压为 304V。

自耦变压器

69 自耦变压器降压启动控制电路实物接线图（1）

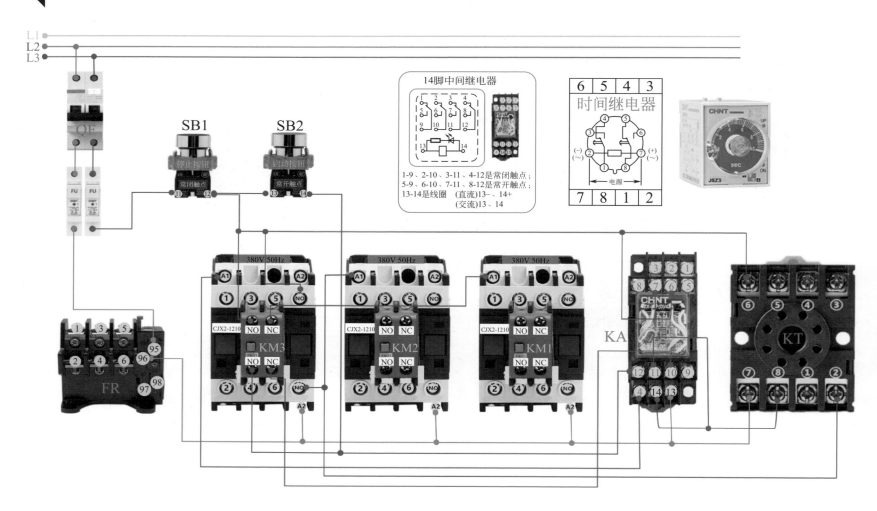

14脚中间继电器

1-9、2-10、3-11、4-12是常闭触点；
5-9、6-10、7-11、8-12是常开触点；
13-14是线圈 （直流)13-、14+
（交流)13、14

时间继电器

SB1
停止按钮
常闭触点

SB2
启动按钮
常开触点

380V 50Hz KM3

380V 50Hz KM2

380V 50Hz KM1

KA

KT

FR

70 自耦变压器降压启动主电路和控制电路原理图（2）

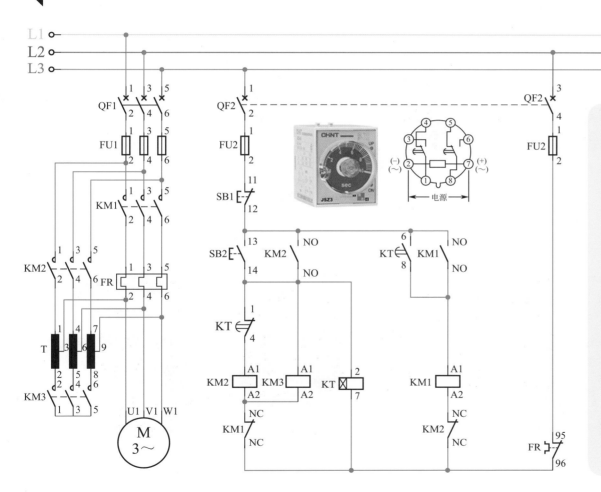

原理分析

　　推上 QF，接通电源，按下启动按钮 SB2，交流接触器 KM2 吸合并自锁，KM2 的常开点闭合，接触器 KM3 和时间继电器 KT 同时得电。启动时 KM2 和 KM3 同时工作，电动机接通自耦变压器为降压启动，当 KT 到达设定时间，KT 的常开触点闭合，接触器 KM1 吸合并自锁。KT 的常闭触点断开，接触器 KM2 失电，KM2 的常开触点复位，KM3 和 KT 也同时断电。KM1 和 KM2 之间为电气互锁，运行时只有 KM1 工作，此时电动机直接接入三相电源，为全压运行。按下停止按钮 SB1，电动机停止运行。

71 自耦变压器降压启动控制电路实物接线图（2）

380V QF

SB1 停止按钮 常闭触点 ⑪ ⑫

SB2 启动按钮 常开触点 ⑬ ⑭

FU FU

时间继电器

FR 1 3 5 95 96 2 4 6 97 98

380V 50Hz A1 A2 ① ③ ⑤ NO CJX2-1210 NO NC KM2 NO NC ② ④ ⑥ NO A2

380V 50Hz A1 A2 ① ③ ⑤ NO CJX2-1210 NO NC KM3 NO NC ② ④ ⑥ NO A2

380V 50Hz A1 A2 ① ③ ⑤ NO CJX2-1210 NO NC KM1 NO NC ② ④ ⑥ NO A2

KT ⑥ ⑤ ④ ③ ⑦ ⑧ ① ②

72 软启动器控制电动机实物接线图

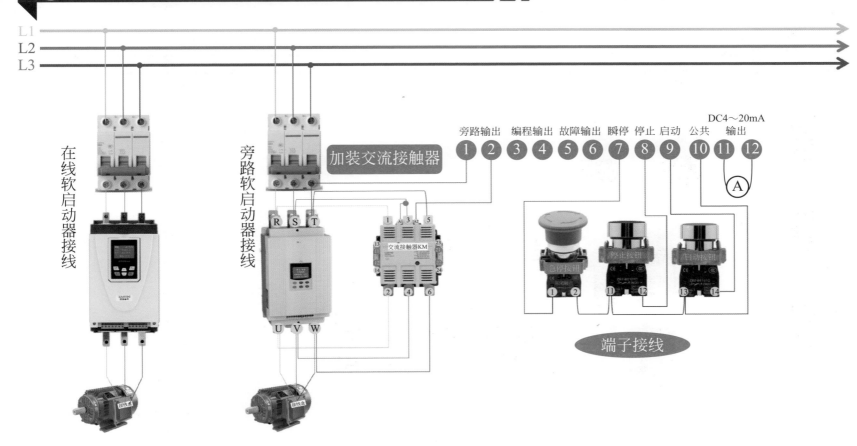

L1
L2
L3

在线软启动器接线

旁路软启动器接线

加装交流接触器

旁路输出　编程输出　故障输出　瞬停　停止　启动　公共　输出

DC4～20mA

① ② ③ ④ ⑤ ⑥ ⑦ ⑧ ⑨ ⑩ ⑪ ⑫

Ⓐ

R　S　T

交流接触器KM

U　V　W

急停按钮　停止按钮　启动按钮

端子接线

73 中间继电器控制软启动器实物接线图

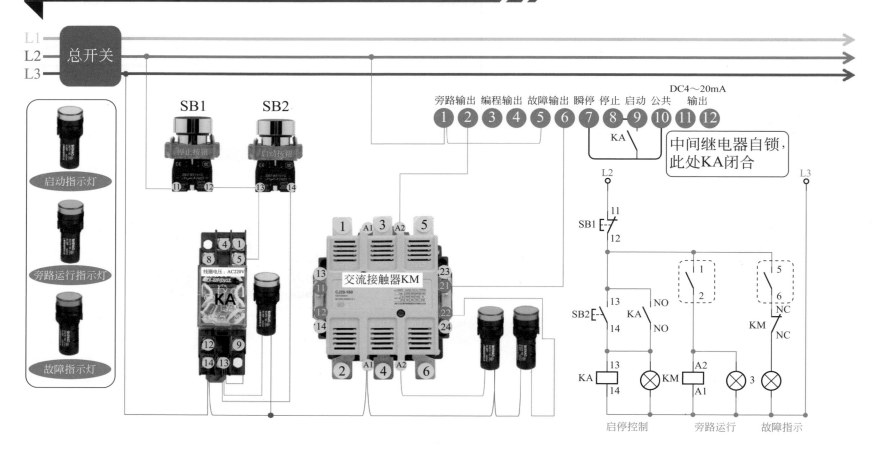

启动指示灯

旁路运行指示灯

故障指示灯

SB1　　　SB2

旁路输出　编程输出　故障输出　瞬停　停止　启动　公共　输出

DC4~20mA

① ② ③ ④ ⑤ ⑥ ⑦ ⑧ ⑨ ⑩ ⑪ ⑫

中间继电器自锁，此处KA闭合

线圈电压：AC220V

KA

交流接触器KM

启停控制　　旁路运行　　故障指示

74　两台电动机顺序启动主电路和控制电路原理图

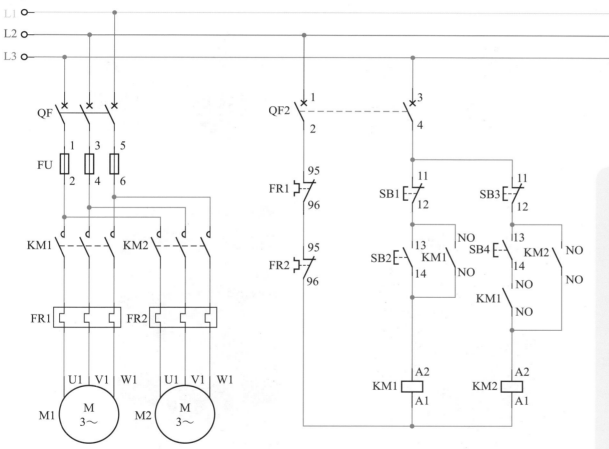

QF：断路器
FR：热过载继电器
SB：按钮开关
KM：交流接触器

原理分析

　　合闸送电，按下启动按钮 SB3，接触器 KM1 自锁，KM1 的辅助常开点闭合，此时按下启动按钮 SB4，接触器 KM2 自锁。KM1 不工作时，按下启动按钮 SB4 无效，当 KM1 工作时，KM1 的常开点闭合给 KM2 自锁提供导通条件，实现了顺序启动控制。按下停止按钮 SB1，接触器 KM1 失电，此时 KM2 仍保持吸合，需按下停止按钮 SB3，KM2 才失电停止。

75 两台电动机顺序启动控制电路实物接线图

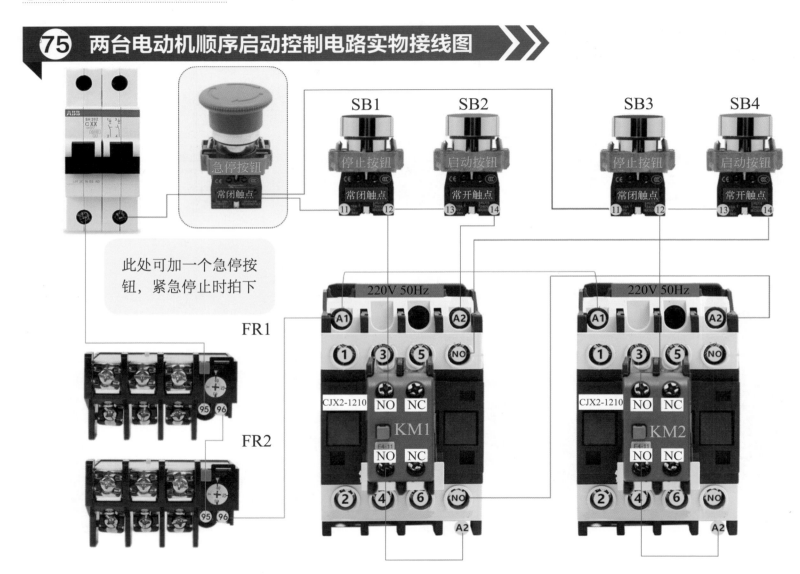

急停按钮

常闭触点

SB1
停止按钮
常闭触点
11 12

SB2
启动按钮
常开触点
13 14

SB3
停止按钮
常闭触点
11 12

SB4
启动按钮
常开触点
13 14

此处可加一个急停按钮，紧急停止时拍下

FR1

FR2

95 96

95 96

220V 50Hz
A1 A2
1 3 5 NO
NO NC
CJX2-1210 KM1
NO NC
2 4 6 NO
A2

220V 50Hz
A1 A2
1 3 5 NO
NO NC
CJX2-1210 KM2
NO NC
2 4 6 NO
A2

76 两台电动机顺启逆停主电路和控制电路原理图

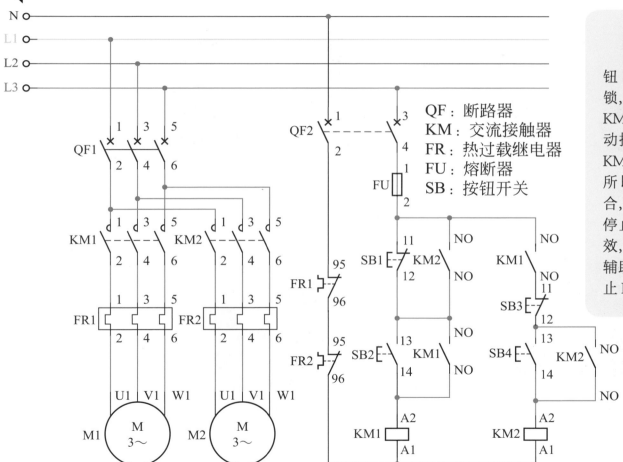

QF：断路器
KM：交流接触器
FR：热过载继电器
FU：熔断器
SB：按钮开关

原理分析

合闸送电，按下启动按钮 SB2，交流接触器 KM1 自锁，KM1 的辅助常开点闭合，给 KM2 自锁提供条件，此时按下启动按钮 SB4，接触器 KM2 自锁，KM1 不吸合时 KM2 也无法工作，所以启动为顺序启动。KM2 吸合，KM2 的辅助常开点闭合短接停止按钮 SB1，此时按下 SB1 无效，必须先停止 KM2，KM2 的辅助常开点复位以后，才可以停止 KM1，所以停止顺序为逆停。

11-12：常闭触点
13-14：常开触点
95-96：常闭触点
NO-NO：常开触点
NC-NC：常闭触点
A1-A2：线圈

77 两台电动机顺启逆停控制电路实物接线图

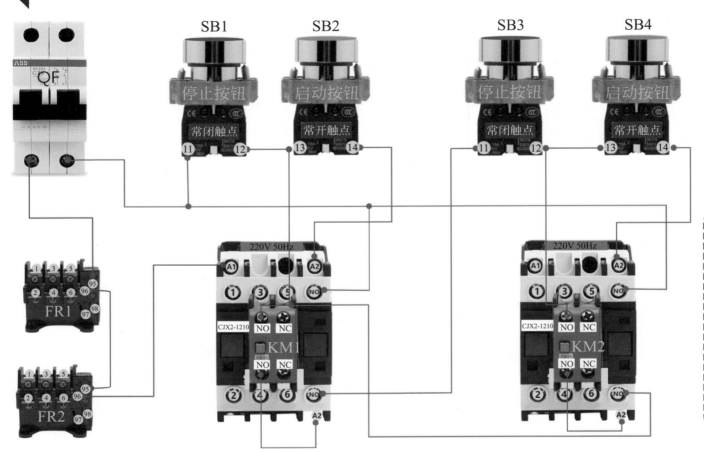

QF：断路器	
KM：交流接触器	
FR：热继电器	
FU：熔断器	
SB：按钮开关	
11-12：常闭触点	
13-14：常开触点	
NO：常开触点	
NC：常闭触点	
95-96：常闭触点	
A1-A2：线圈	

78 两台电动机顺启顺停主电路和控制电路原理图

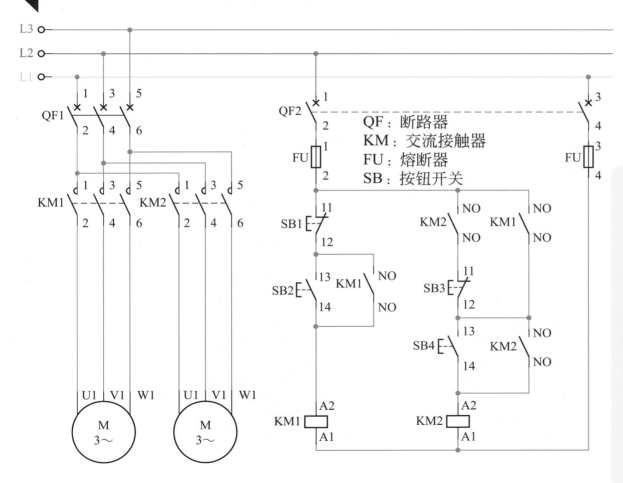

常闭触点：11-12
常开触点：13-14
常开触点：NO-NO
常闭触点：NC-NC
线圈：A1-A2

QF：断路器
KM：交流接触器
FU：熔断器
SB：按钮开关

原理分析

　　合闸送电，按下启动按钮 SB2，接触器 KM1 自锁，KM1 的辅助常开点闭合。此时按下启动按钮 SB4，接触器 KM2 自锁，KM1 不工作，KM2 无法吸合，必须顺序启动。KM1 和 KM2 同时工作时，按下停止按钮 SB3 无效，必须先按停止按钮 SB1，接触器 KM1 失电，再按停止按钮 SB3,接触器 KM2 失电。停止顺序同样是顺序停止，所以此电路名为顺启顺停电路。

79 两台电动机顺启顺停控制电路实物接线图

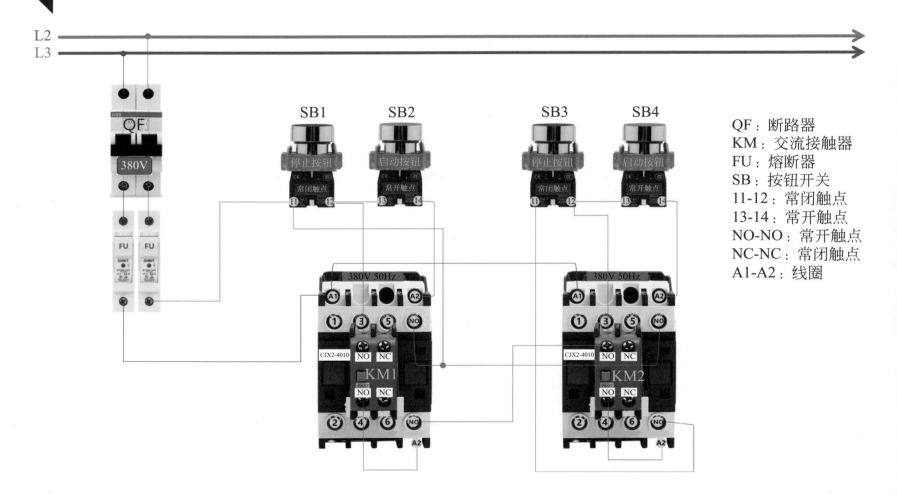

QF：断路器
KM：交流接触器
FU：熔断器
SB：按钮开关
11-12：常闭触点
13-14：常开触点
NO-NO：常开触点
NC-NC：常闭触点
A1-A2：线圈

80 两台电动机顺启同停主电路和控制电路原理图

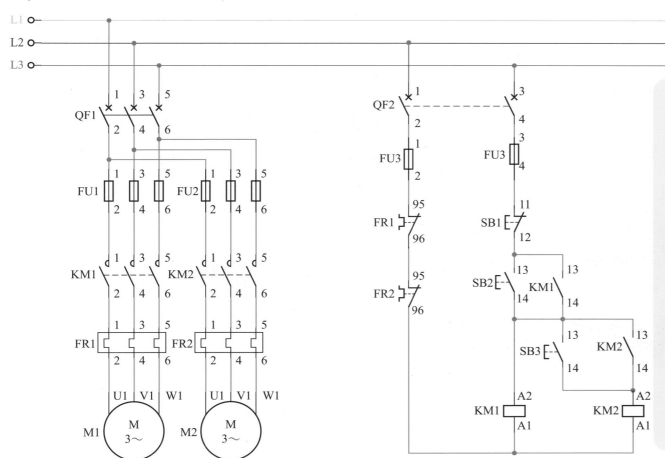

M1 启动以后 M2 才可以启动，按下停止按钮，两台电机同时停止。

原理分析：合闸送电，按下启动按钮SB2，交流接触器 KM1 得电自锁，电动机 M1 开始工作，同时 KM1 的辅助常开点闭合给 KM2 提供自锁条件。此时按下启动按钮 SB3，交流接触器 KM2 自锁，电动机 M2 开始工作，按下停止按钮 SB1，两台电动机同时停止。

81 两台电动机顺启同停主电路和控制电路实物接线图

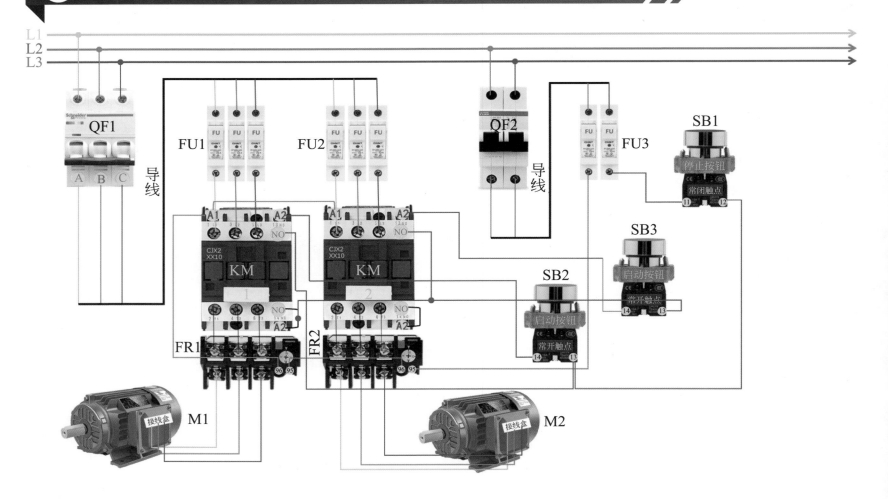

82 一键启停主电路和控制电路原理图（1）

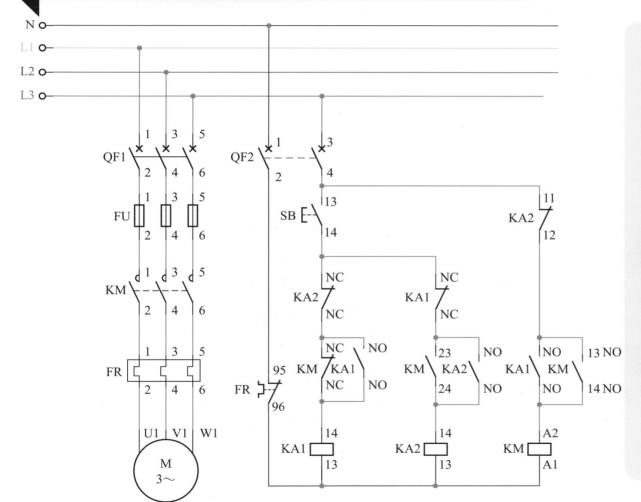

原理分析

第一次按下启动按钮 SB，中间继电器 KA1 线圈得电自锁，KA1 的常开触点闭合，交流接触器 KM 自锁。KM 的常开触点闭合为 KA2 吸合提供条件，KM 的常闭触点断开切断 KA1 的回路。第二次按下 SB，中间继电器 KA2 线圈得电自锁，KA2 的常闭触点断开切断 KM 回路，KM 线圈失电。KA1 和 KA2 之间为电气互锁，按下 SB 时只能有一个吸合。此电路是电气控制中的经典案例，虽然实用性不强，但逻辑性很强，非常适合新手朋友练习使用，也是实操考试常出现的一个电路。三个电器一个按钮，缺一不可，三个电器可以是中间继电器，也可以是交流接触器，也可以混用，接线原理都是一样的。

83 一键启停控制电路实物接线图（1）

220V

启动按钮

SB

常开触点

13 14

FR

KA1

KA2

CHNT

3 2 1
8 7 6 5

12 11 10 9
4 14 13

CHNT

3 2 1
8 7 6 5

12 11 10 9
4 14 13

220V 50Hz

A1   A2

1 3 5 NO

CJX2-1210

NO NC

NO NC

KM

2 4 6 NC

A2

14脚中间继电器

1 2 3 4
5 6 7 8
9 10 11 12
13 14

1-9、2-10、3-11、4-12是常闭触点
5-9、6-10、7-11、8-12是常开触点
13-14是线圈　（直流)13-、14+
　　　　　　（交流)13、14

84 一键启停主电路和控制电路原理图（2）

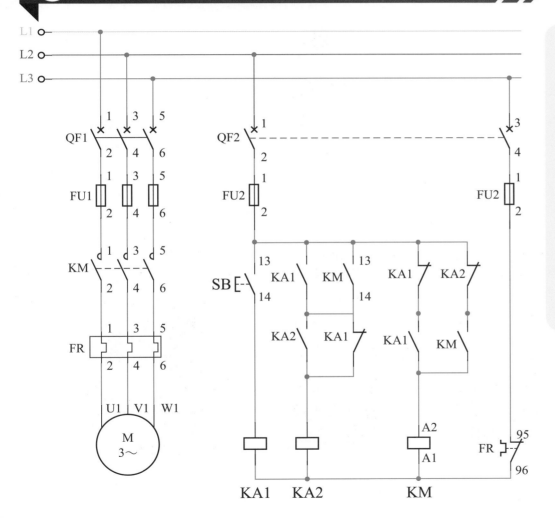

原理分析

接通电源，按下启动按钮 SB，中间继电器 KA1 得电吸合，KA1 的常开触点闭合，KM 线圈得电自锁。松开 SB 时 KA1 线圈失电，KA1 的常闭触点复位，KA2 线圈得电吸合，所以第一次按启动按钮，KM 和 KA2 同时工作。第二次按下启动按钮 SB，中间继电器 KA1 得电吸合，KA1 的常闭触点断开切断 KM 的回路，KM 失电。松开按钮 SB，中间继电器 KA1 失电，KA1 和 KM 的触点复位，KA2 线圈也失电，此为停止，再次按下 SB，循环以上动作。

85 一键启停控制电路实物接线图（2）

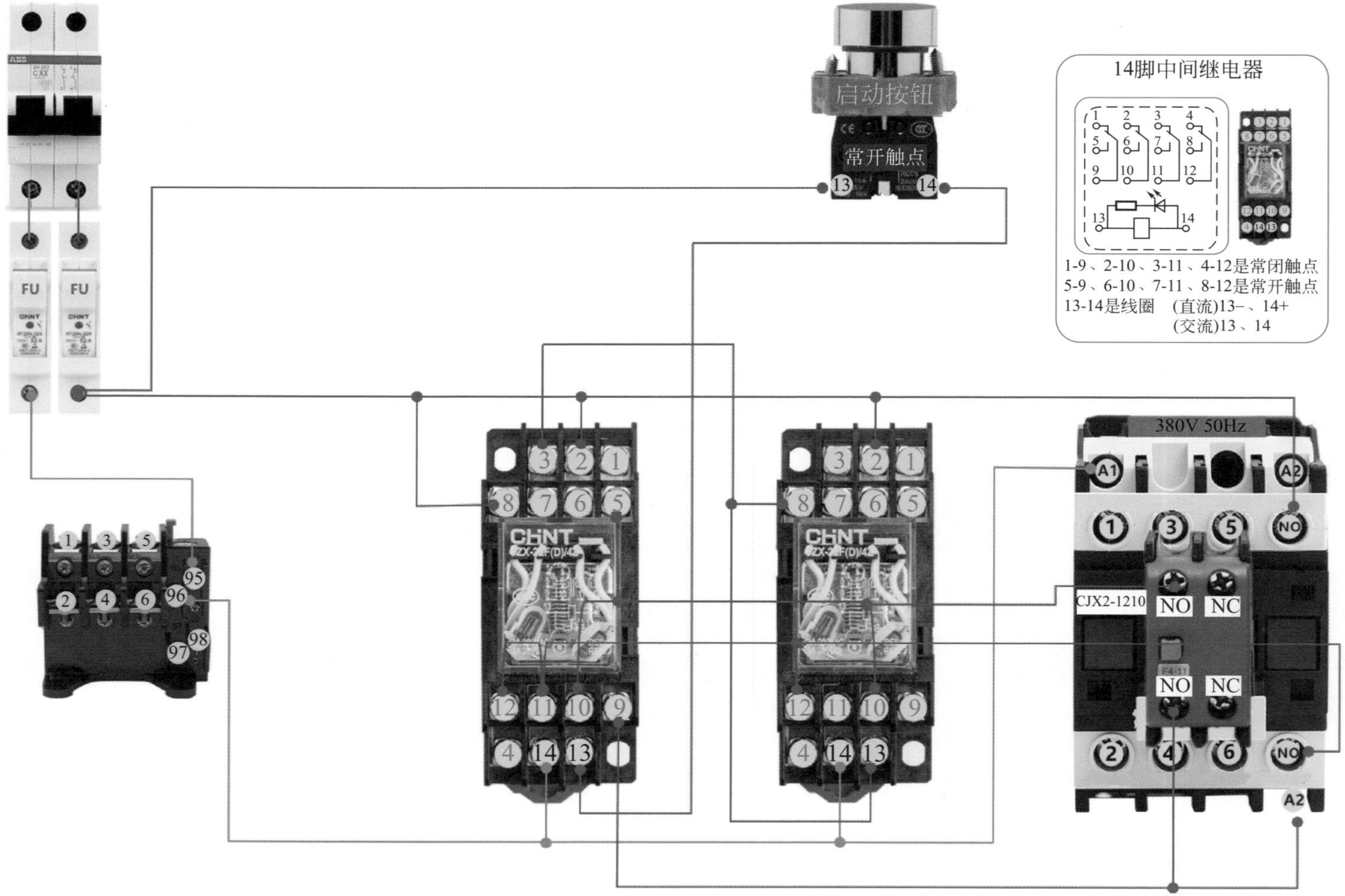

启动按钮
常开触点
13
14
FU
FU
14脚中间继电器
1-9、2-10、3-11、4-12是常闭触点
5-9、6-10、7-11、8-12是常开触点
13-14是线圈 (直流)13−、14+
(交流)13、14
380V 50Hz
A1
A2
CJX2-1210
NO
NC
95
96
97
98

86 一键启停主电路和控制电路原理图（3）

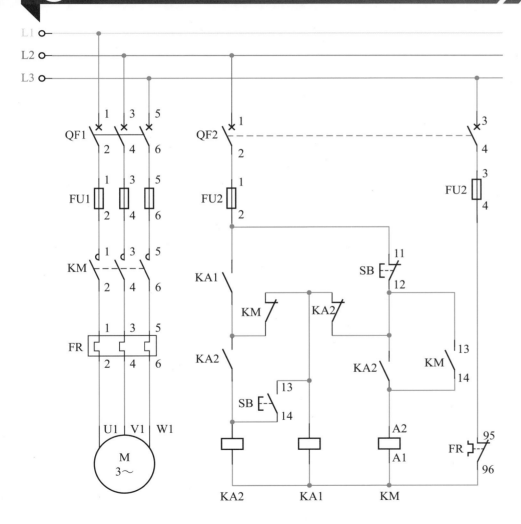

练习题

学会了前两种接线，可以试着接一下左图电路，也可以尝试着设计一个。

多动手 多动脑

87 双速电动机高低速运行主电路和控制电路原理图

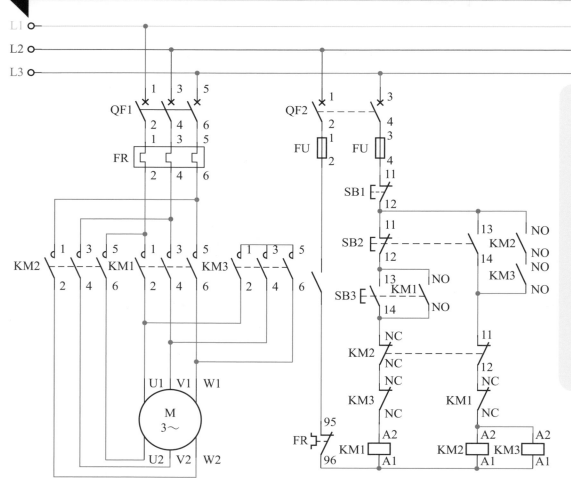

原理分析

推上 QF，接通电源，按下启动按钮 SB3，交流接触器 KM1 得电吸合并自锁，KM1 的常闭触点断开，切断 KM2 和 KM3 的回路形成互锁，此时电动机为三角形接法，低速运行。按下启动按钮 SB2，SB2 的常开触点闭合，KM2 和 KM3 同时吸合并自锁，SB2 的常闭触点断开，切断 KM1 的回路形成互锁，此时电动机为双星形接法，高速运行。SB2 和 SB3 之间机械互锁，KM1 和 KM2、KM3 之间电气互锁，启动时只能有一种工作状态。

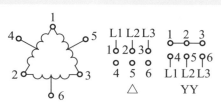

△/YY接法

88 双速电动机高低速运行主电路实物接线图

工作原理

　　双速电动机可以通过改变定子绕组的磁极对数来改变其转速，当绕组为三角形接线时，每相绕组中包含两个串联线圈，成四个极，此时电动机为低速。当绕组为双星形接线时，每相绕组中包含两个并联线圈，成两个极，此时电动机为高速。

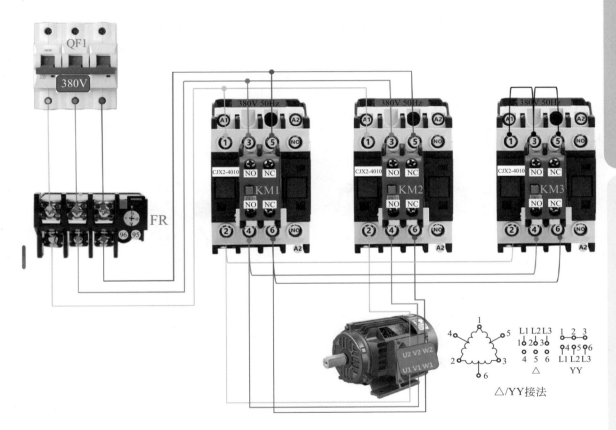

△/YY接法

实物图分析

　　电动机出线端U1、V1、W1接电源，U2、V2、W2端悬空，此时绕组为三角形接法，电动机为低速。电动机出线端U2、V2、W2接电源，U1、V1、W1端短接，此时绕组为双星形接法，电动机为高速。当交流接触器KM1线圈获电时，电动机低速运转。当交流接触器KM2线圈和KM3线圈同时获电时，电动机高速运转。低速控制和高速控制之间为电气互锁，只有一种工作状态。

89 双速电动机高低速运行控制电路实物接线图

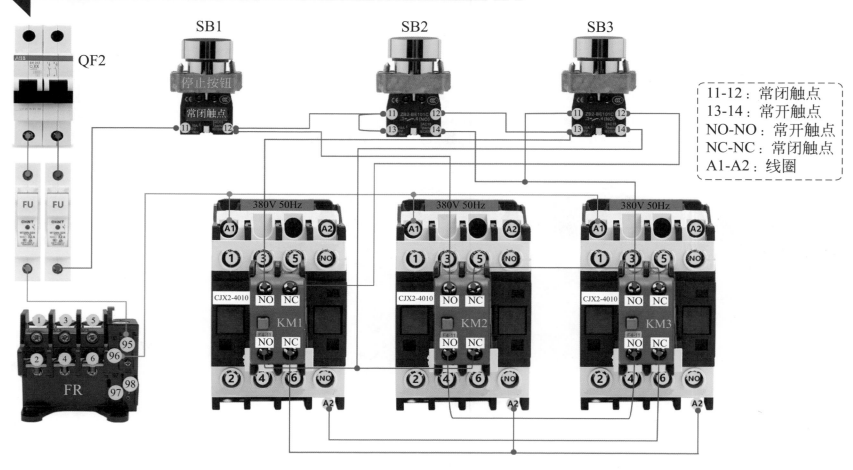

SB1　　　SB2　　　SB3

QF2

停止按钮
常闭触点

11-12：常闭触点
13-14：常开触点
NO-NO：常开触点
NC-NC：常闭触点
A1-A2：线圈

FU　FU

380V 50Hz　380V 50Hz　380V 50Hz

CJX2-4010　CJX2-4010　CJX2-4010

KM1　　KM2　　KM3

FR

90 双速电动机低速启动高速运行控制电路原理图和实物接线图

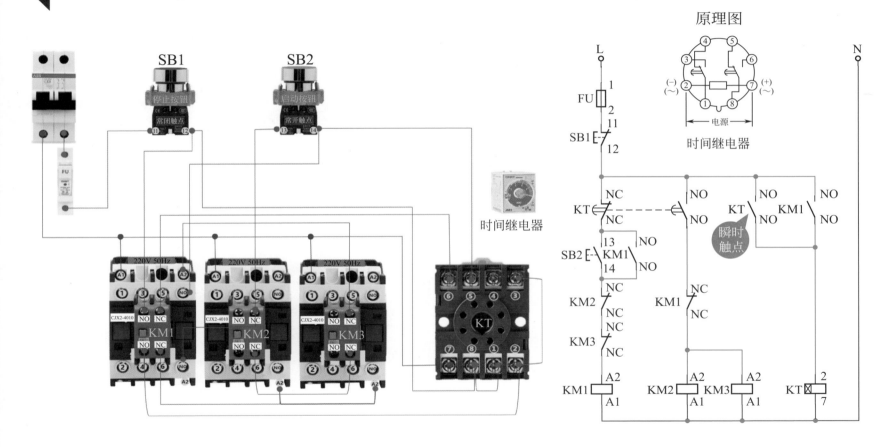

原理图

时间继电器

SB1 停止按钮 常闭触点

SB2 启动按钮 常开触点

时间继电器

91 主电动机故障备用电动机自启动主电路和控制电路原理图

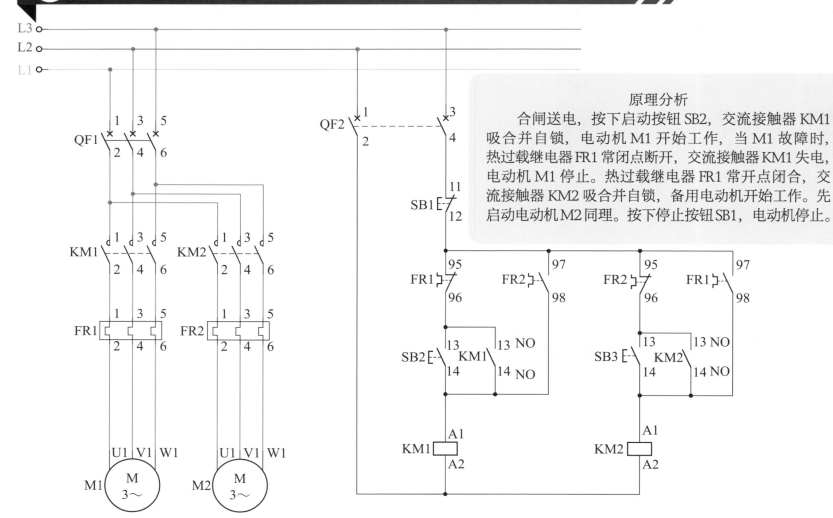

原理分析
　　合闸送电，按下启动按钮 SB2，交流接触器 KM1 吸合并自锁，电动机 M1 开始工作，当 M1 故障时，热过载继电器 FR1 常闭点断开，交流接触器 KM1 失电，电动机 M1 停止。热过载继电器 FR1 常开点闭合，交流接触器 KM2 吸合并自锁，备用电动机开始工作。先启动电动机 M2 同理。按下停止按钮 SB1，电动机停止。

92 主电动机故障备用电动机自启动控制电路实物接线图

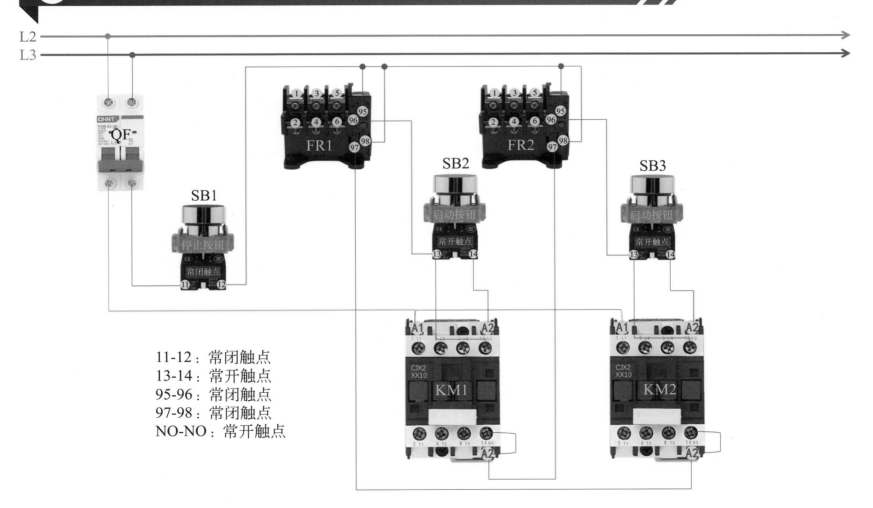

11-12：常闭触点
13-14：常开触点
95-96：常闭触点
97-98：常闭触点
NO-NO：常开触点

93 单按钮控制电动机正反转主电路和控制电路原理图

此电路非常适合新手朋友练习使用

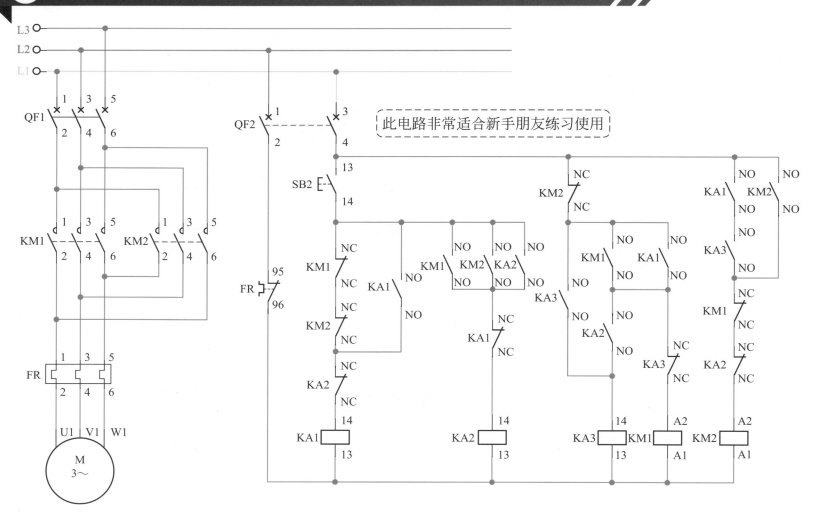

第 5 章

变频器电路实物接线图

❶ 变频器面板

面板介绍及参数
设置

变频器上的字母
符号

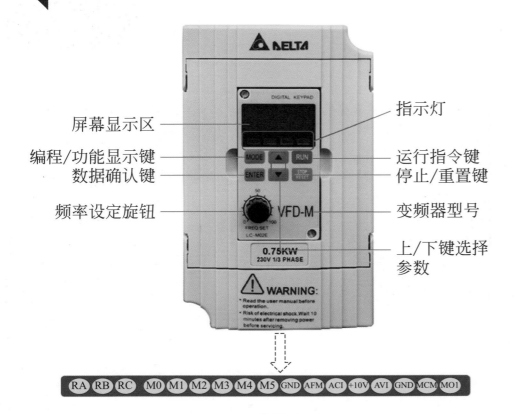

屏幕显示区

指示灯

编程/功能显示键
数据确认键

运行指令键
停止/重置键

频率设定旋钮

变频器型号

上/下键选择
参数

变频器外部端子

RA RB RC M0 M1 M2 M3 M4 M5 GND AFM ACI +10V AVI GND MCM MO1

F50.0	变频器目前设定的频率
H50.0	变频器实际输出到电动机的频率
v600.	用户定义之物理量(V)
A 3.0	变频器输出侧 U V W 的输出电流
I 50	变频器正在执行自动运行程序
P 00	参数选项
02	参数内容值
Frd	变频器正转运行
rEv	变频器反转运行
End	参数已成功接受并自动存入
Err	设定数据不接受或数值超时

② 台达变频器端子介绍

变频器端子介绍

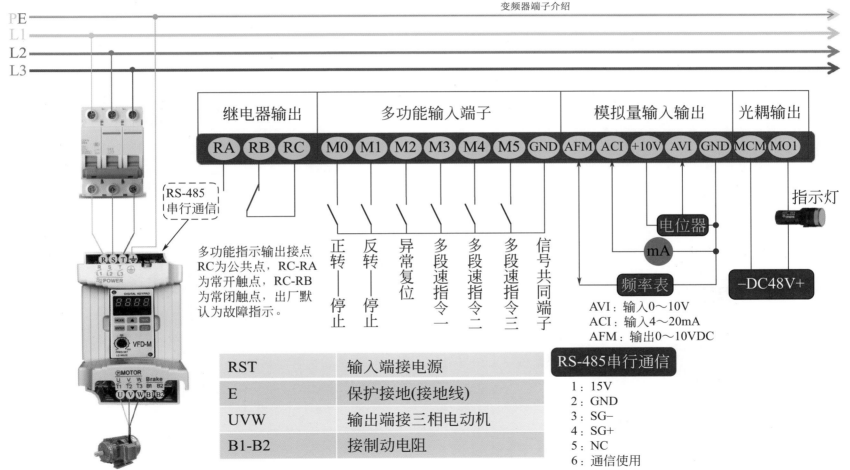

RST	输入端接电源
E	保护接地(接地线)
UVW	输出端接三相电动机
B1-B2	接制动电阻

多功能指示输出接点RC为公共点，RC-RA为常开触点，RC-RB为常闭触点，出厂默认为故障指示。

正转——停止
反转——停止
异常复位
多段速指令一
多段速指令二
多段速指令三
信号共同端子

AVI：输入0～10V
ACI：输入4～20mA
AFM：输出0～10VDC

RS-485串行通信

1：15V
2：GND
3：SG–
4：SG+
5：NC
6：通信使用

3 变频器的制动电阻

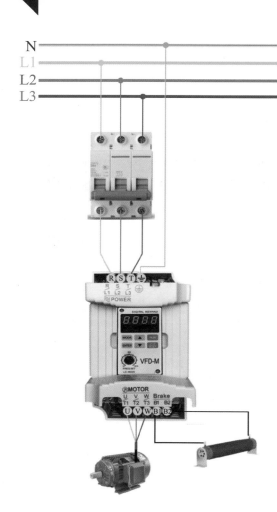

N
L1
L2
L3

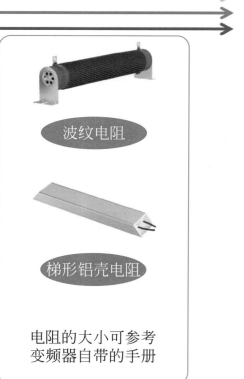

波纹电阻

梯形铝壳电阻

电阻的大小可参考
变频器自带的手册

　　常见的如行车、吊车等大型设备起吊重物，当重物下降或惯性过大时停止电动机，此时电动机在惯性的作用下继续运转，动能转化为电能返回到变频器的直流母线，造成母线电压升高。此时制动单元检测到母线电压高于设定阈值，会将制动电阻与母线相连，电能通过电阻发热的形式消耗掉，避免母线电压过高烧坏变频器。如果制动电阻发热严重，一般是负载储能太多、电动机制动时间太短、制动频率太过频繁等引起的。如果制动电阻烧坏，可以更换大容量的电阻、尽量延长制动的时间、给制动电阻加装散热装置、使其快速冷却等保护措施。

④ 变频器间歇控制实物接线图

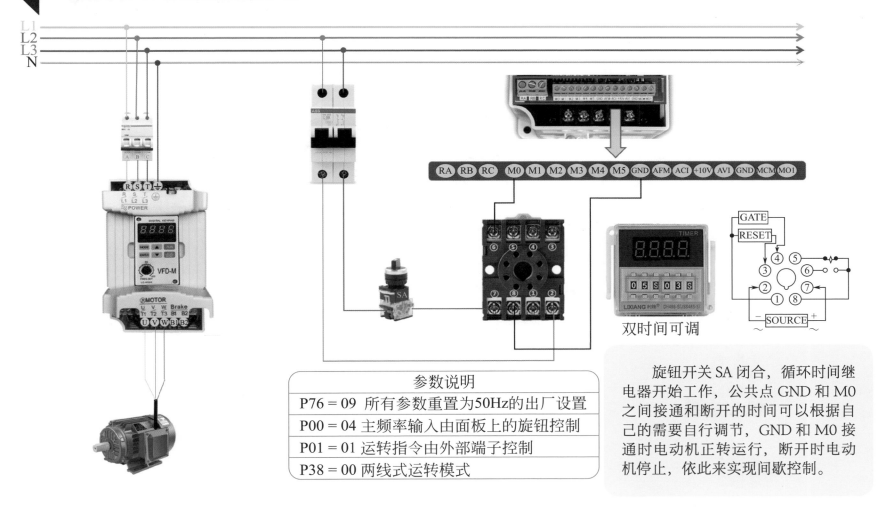

参数说明
P76 = 09　所有参数重置为50Hz的出厂设置
P00 = 04　主频率输入由面板上的旋钮控制
P01 = 01　运转指令由外部端子控制
P38 = 00　两线式运转模式

双时间可调

　　旋钮开关 SA 闭合，循环时间继电器开始工作，公共点 GND 和 M0 之间接通和断开的时间可以根据自己的需要自行调节，GND 和 M0 接通时电动机正转运行，断开时电动机停止，依此来实现间歇控制。

189

5 变频器外部端子控制正反转实物接线图（1）

两线式控制正反转（1）　　两线式控制正反转（2）

N
L1
L2
L3

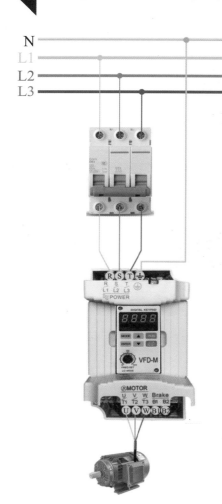

RA RB RC M0 M1 M2 M3 M4 M5 GND AFM ACI +10V AVI GND MCM MO1

启动按钮：变频器自保持运行
急停按钮：停止运行
SA转换按钮：正反转切换
M1和GND接通时为反转运行
M1和GND断开时为正转运行

参数	说明
P76＝09	所有参数重置为50Hz的出厂设置
P01＝01	运转指令由外部端子控制
P38＝02	三线式运转模式

6 变频器外部端子控制正反转实物接线图（2）

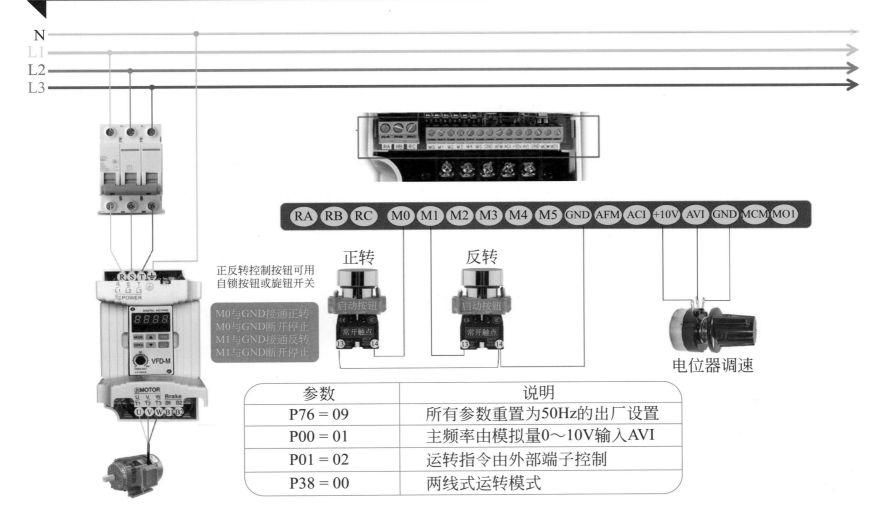

N
L1
L2
L3

RA RB RC M0 M1 M2 M3 M4 M5 GND AFM ACI +10V AVI GND MCM MO1

正转　　　　反转

正反转控制按钮可用
自锁按钮或旋钮开关

M0与GND接通正转
M0与GND断开停止
M1与GND接通反转
M1与GND断开停止

启动按钮　启动按钮
常开触点　常开触点
13 14　13 14

电位器调速

参数	说明
P76＝09	所有参数重置为50Hz的出厂设置
P00＝01	主频率由模拟量0～10V输入AVI
P01＝02	运转指令由外部端子控制
P38＝00	两线式运转模式

7 台达变频器异地控制实物接线图

N
L1
L2
L3

RA RB RC M0 M1 M2 M3 M4 M5 GND AFM ACI +10V AVI GND MCM MO1

| 启动按钮 | 停止按钮 | 甲地 |
| 14 13 | 11 12 | |

| 启动按钮 | 停止按钮 | 乙地 |
| 14 13 | 11 12 | |

停止按钮串联，启动按钮并联

参数说明

P76 = 09 恢复50Hz的出厂设置
P00 = 04 主频率由面板旋钮控制
P01 = 01 运转指令由端子控制
P38 = 02 三线式运转控制

8 台达变频器外接频率表

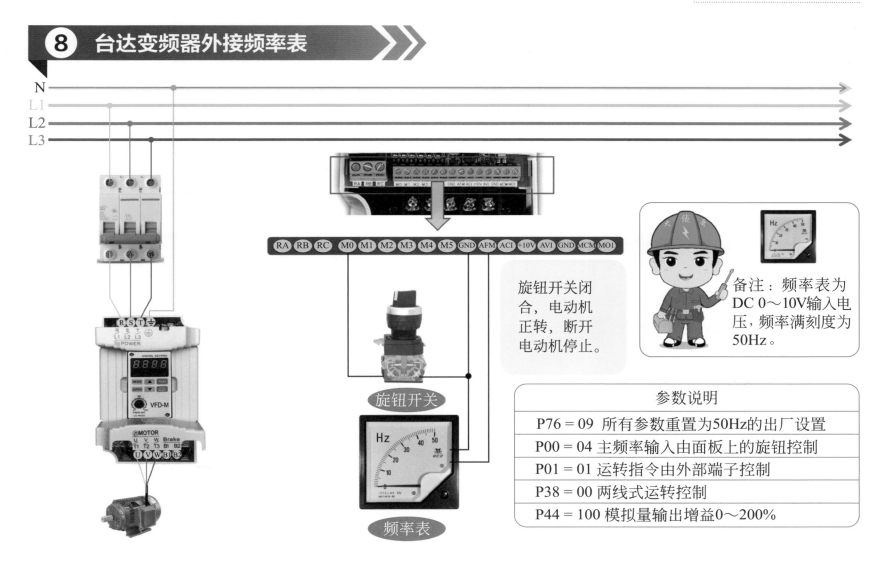

N
L1
L2
L3

RA RB RC M0 M1 M2 M3 M4 M5 GND AFM ACI +10V AVI GND MCM MO1

旋钮开关闭合，电动机正转，断开电动机停止。

备注：频率表为DC 0～10V输入电压，频率满刻度为50Hz。

旋钮开关

频率表

参数说明
P76 = 09 所有参数重置为50Hz的出厂设置
P00 = 04 主频率输入由面板上的旋钮控制
P01 = 01 运转指令由外部端子控制
P38 = 00 两线式运转控制
P44 = 100 模拟量输出增益0～200%

⑨ 三按钮正反转变频器实物接线图

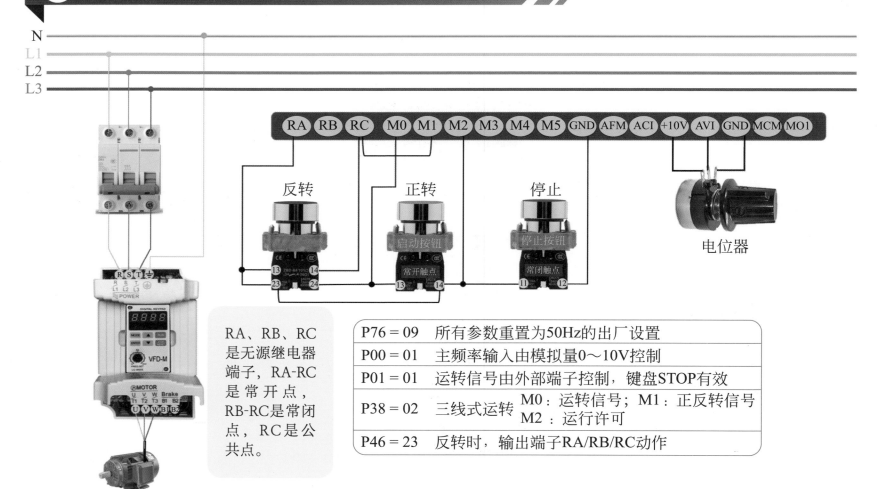

RA、RB、RC 是无源继电器端子，RA-RC 是常开点，RB-RC是常闭点，RC是公共点。

P76 = 09	所有参数重置为50Hz的出厂设置
P00 = 01	主频率输入由模拟量0～10V控制
P01 = 01	运转信号由外部端子控制，键盘STOP有效
P38 = 02	三线式运转　M0：运转信号；M1：正反转信号　M2：运行许可
P46 = 23	反转时，输出端子RA/RB/RC动作

⑩ 台达变频器多段速控制实物接线图

变频器多段速控制

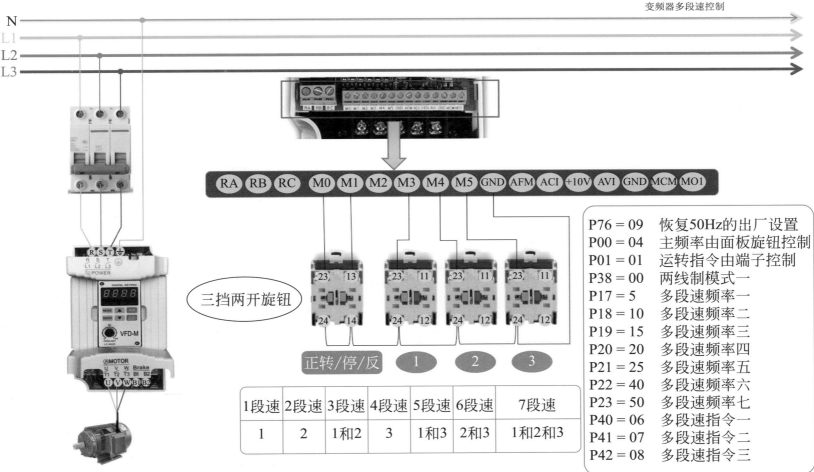

P76 = 09	恢复50Hz的出厂设置
P00 = 04	主频率由面板旋钮控制
P01 = 01	运转指令由端子控制
P38 = 00	两线制模式一
P17 = 5	多段速频率一
P18 = 10	多段速频率二
P19 = 15	多段速频率三
P20 = 20	多段速频率四
P21 = 25	多段速频率五
P22 = 40	多段速频率六
P23 = 50	多段速频率七
P40 = 06	多段速指令一
P41 = 07	多段速指令二
P42 = 08	多段速指令三

三挡两开旋钮

正转/停/反 ① ② ③

1段速	2段速	3段速	4段速	5段速	6段速	7段速
1	2	1和2	3	1和3	2和3	1和2和3

11 台达变频器工频/变频切换电路原理图

正常工作时为变频模式，故障或需要切换时，可以旋动选择开关 SA，接通手动控制回路，按下启动按钮 SB2，交流接触器 KM1 线圈得电并自锁，电动机在工频模式下运行。按下停止按钮 SB1，电动机停止，KM1 和 KM2 之间为电气互锁。

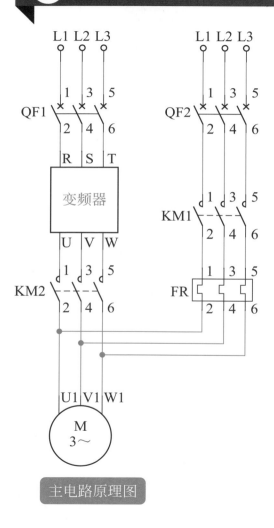

主电路原理图

控制电路原理图

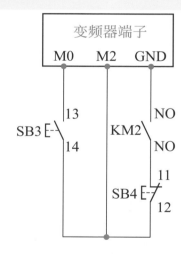

P38 = 02 三线式运转控制，按下启动按钮SB3，电动机在变频模式下运行，按下停止按钮SB4，电动机停止。

变频器端子接线

⑫ 工频变频/切换主电路实物接线图

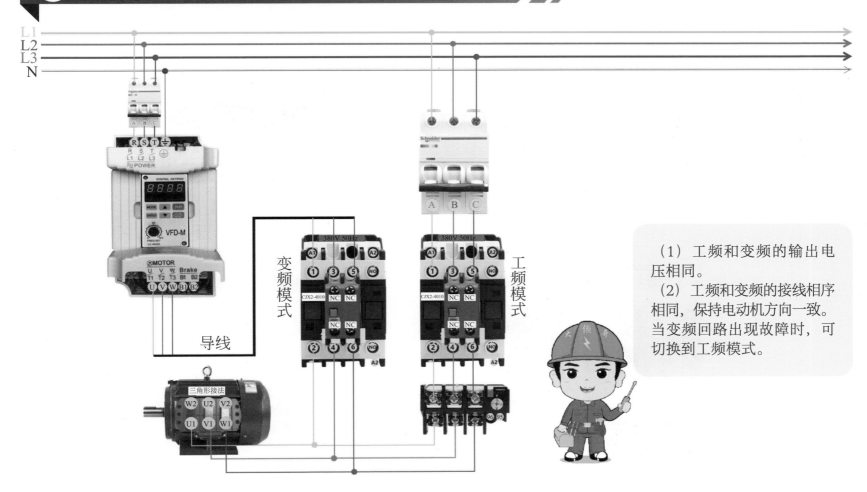

（1）工频和变频的输出电压相同。

（2）工频和变频的接线相序相同，保持电动机方向一致。当变频回路出现故障时，可切换到工频模式。

⑬ 工频/变频切换控制电路实物接线图

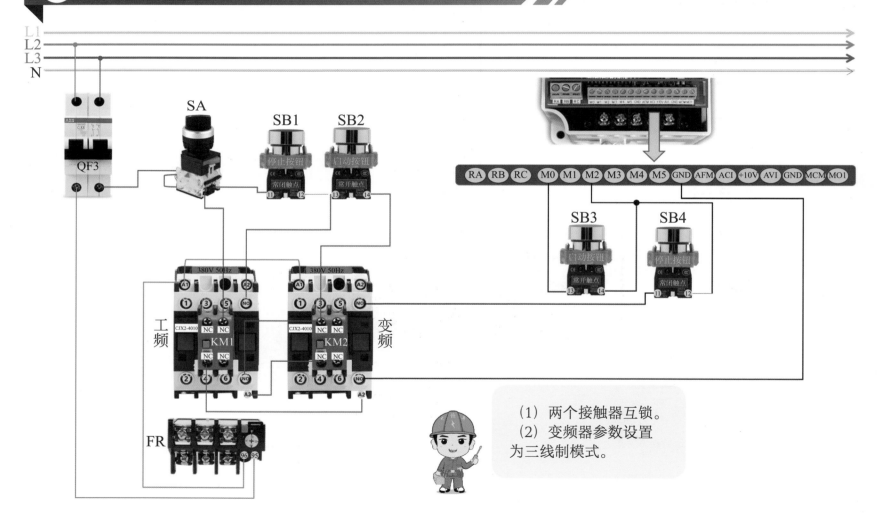

（1）两个接触器互锁。
（2）变频器参数设置为三线制模式。

⑭ 变频器启保停控制实物接线图

变频器启保停控制

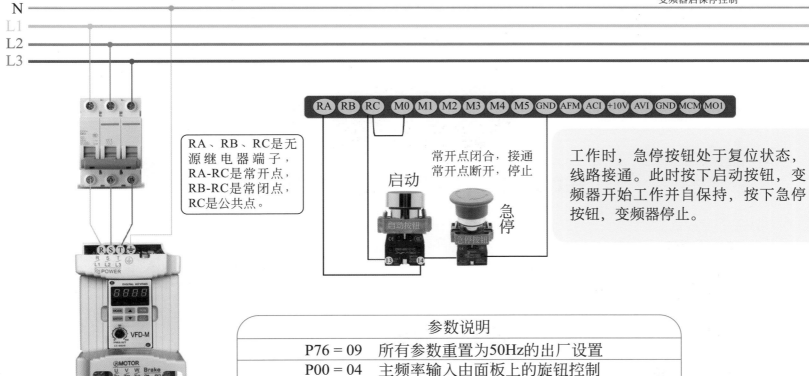

RA、RB、RC是无源继电器端子，RA-RC是常开点，RB-RC是常闭点，RC是公共点。

常开点闭合，接通
常开点断开，停止

启动

急停

工作时，急停按钮处于复位状态，线路接通。此时按下启动按钮，变频器开始工作并自保持，按下急停按钮，变频器停止。

参数说明	
P76 = 09	所有参数重置为50Hz的出厂设置
P00 = 04	主频率输入由面板上的旋钮控制
P01 = 01	运转指令由外部端子控制
P38 = 0	两线制运行模式一
P46 = 0	运转中指示(运转中无源继电器动作)

199

⑮ 台达变频器递增和递减指令

变频器递增和递减指令

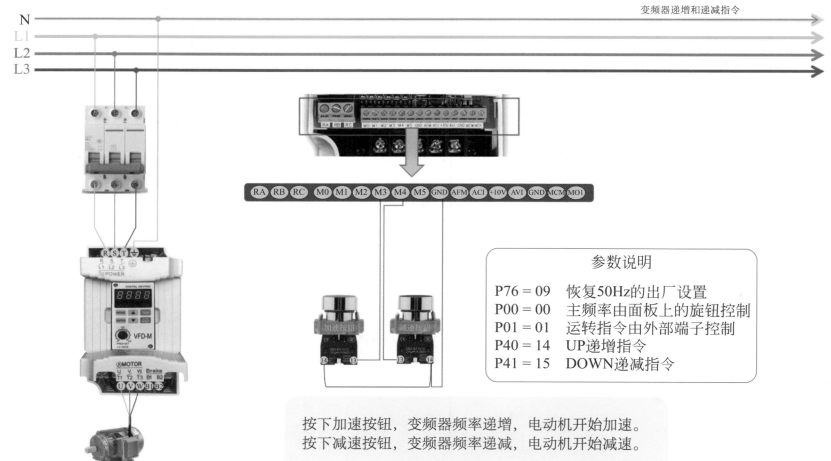

参数说明

P76 = 09　恢复50Hz的出厂设置
P00 = 00　主频率由面板上的旋钮控制
P01 = 01　运转指令由外部端子控制
P40 = 14　UP递增指令
P41 = 15　DOWN递减指令

按下加速按钮，变频器频率递增，电动机开始加速。
按下减速按钮，变频器频率递减，电动机开始减速。

16 变频器恒压供水实物接线图

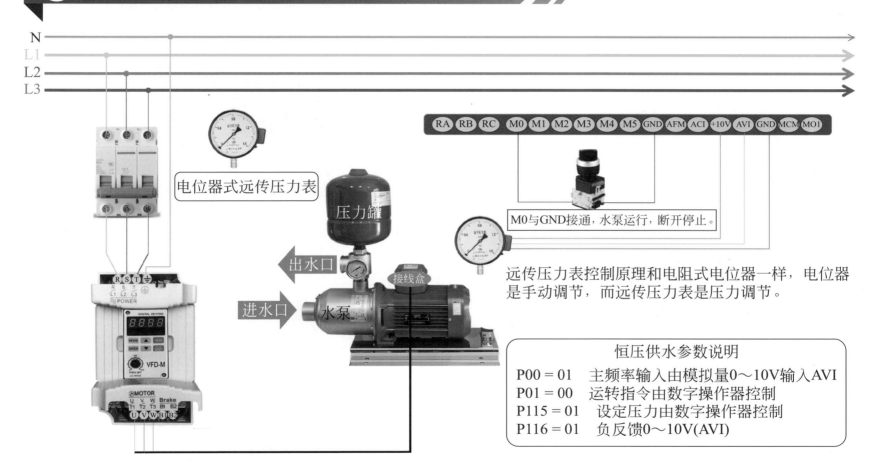

电位器式远传压力表

压力罐

出水口

进水口

接线盒

水泵

RA RB RC M0 M1 M2 M3 M4 M5 GND AFM ACI +10V AVI GND MCM MO1

M0与GND接通，水泵运行，断开停止。

远传压力表控制原理和电阻式电位器一样，电位器是手动调节，而远传压力表是压力调节。

恒压供水参数说明

P00 = 01　主频率输入由模拟量0～10V输入AVI
P01 = 00　运转指令由数字操作器控制
P115 = 01　设定压力由数字操作器控制
P116 = 01　负反馈0～10V(AVI)

⑰ 中间继电器自锁控制变频器实物接线图

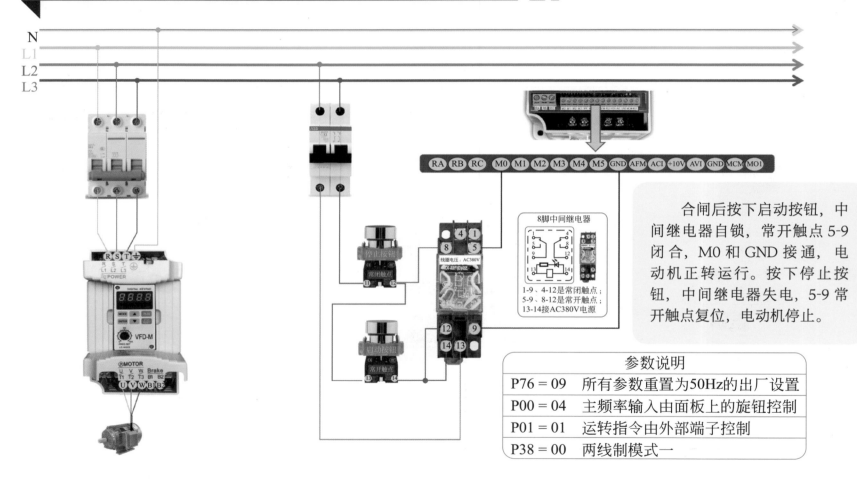

RA RB RC M0 M1 M2 M3 M4 M5 GND AFM ACI +10V AVI GND MCM MO1

8脚中间继电器

线圈电压: AC380V

1-9、4-12是常闭触点；
5-9、8-12是常开触点；
13-14接AC380V电源

合闸后按下启动按钮，中间继电器自锁，常开触点 5-9 闭合，M0 和 GND 接通，电动机正转运行。按下停止按钮，中间继电器失电，5-9 常开触点复位，电动机停止。

参数说明	
P76 = 09	所有参数重置为50Hz的出厂设置
P00 = 04	主频率输入由面板上的旋钮控制
P01 = 01	运转指令由外部端子控制
P38 = 00	两线制模式一

停止按钮 常闭触点

启动按钮 常开触点

18 台达变频器双频率切换电路实物接线图

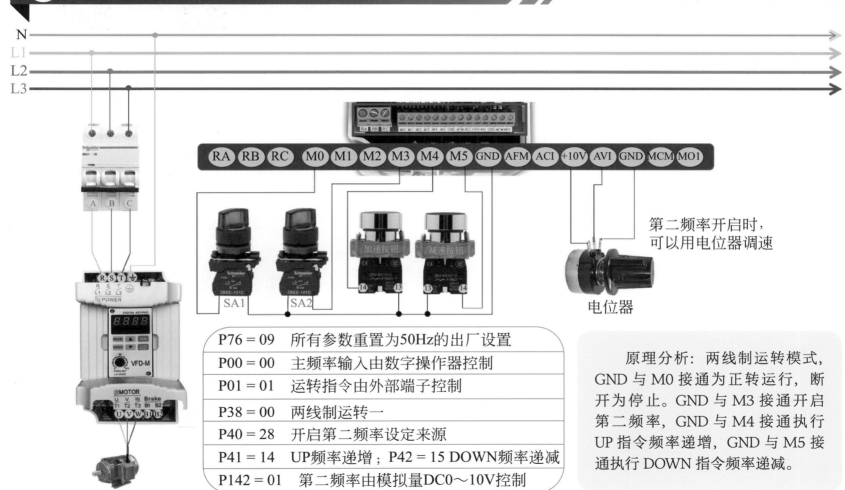

P76 = 09	所有参数重置为50Hz的出厂设置
P00 = 00	主频率输入由数字操作器控制
P01 = 01	运转指令由外部端子控制
P38 = 00	两线制运转一
P40 = 28	开启第二频率设定来源
P41 = 14	UP频率递增；P42 = 15 DOWN频率递减
P142 = 01	第二频率由模拟量DC0～10V控制

第二频率开启时，可以用电位器调速

电位器

原理分析：两线制运转模式，GND 与 M0 接通为正转运行，断开为停止。GND 与 M3 接通开启第二频率，GND 与 M4 接通执行 UP 指令频率递增，GND 与 M5 接通执行 DOWN 指令频率递减。

19 台达变频器VFD-M常见参数一览表（1）

变频器锁定参数

参数乱了怎么办

参数	参数功能	参数设定范围	出厂值
P00	主频率输入来源设定	00：主频率输入由数字操作器控制 01：主频率输入由模拟信号0～10V输入（AVI） 02：主频率输入由模拟信号4～20mA输入（ACI） 03：主频率输入通信输入（RS-485） 04：主频率输入由数字操作器上的转扭	00
P01	运转信号来源设定	00：运转指令由数字操作器控制 01：运转指令由外部端子控制，键盘STOP有效 02：运转指令由外部端子控制，键盘STOP无效 03：运转指令由通信输入控制，键盘STOP有效 04：运转指令由通信输入控制，键盘STOP无效	00
P02	电机停车方式设定	00：以减速刹车方式停止 01：以自由运转方式停止	00
P03	最高操作频率选择	50.00～400.0Hz	60
P08	最低输出频率选择	0.10～20.00Hz	1.5

⑳ 台达变频器VFD-M常见参数一览表（2）

参数	参数功能	参数设定范围	出厂值
P17	第一段频率设定	0.00～400Hz	0.00
P18	第二段频率设定	0.00～400Hz	0.00
P19	第三段频率设定	0.00～400Hz	0.00
P20	第四段频率设定	0.00～400Hz	0.00
P21	第五段频率设定	0.00～400Hz	0.00
P22	第六段频率设定	0.00～400Hz	0.00
P23	第七段频率设定	0.00～400Hz	0.00
P24	禁止反转功能设定	00：可反转 01：禁止反转	00
P36	输出频率上限设定	0.10～400.0Hz	400.0
P37	输出频率下限设定	0.10～400.0Hz	0.00

㉑ 台达变频器VFD-M常见参数一览表（3）

参数	参数功能	参数设定范围	出厂值
P39	多功能端子M2	00：无功能 01：运转许可（N.C.） 02：运转许可（N.O.） 03：E.F外部异常输入（N.O） 04：E.F外部异常输入（N.C） 05：RESET指令（N.O.）	05
P40	多功能端子M3	06：多段速指令一 07：多段速指令二 08：多段速指令三 09：寸动运转 10：加减速禁止指令 11：第一、二加减速时间切换 12：B.B外部中断（N.O） 13：B.B外部中断（N.C）	06
P41	多功能端子M4	14：Up：频率递增指令 15：Down频率递减指令 16：AUTO RUN 可程序自动运转 17：PAUSE暂停自动运转 18：计数器触发信号输入 19：清除计数器 20：无功能 21：RESET清除指令（N.C）	07
P42	多功能端子M5	22：强制运转指令来源为外部端子 23：强制运转指令来源为数字操作器 24：强制运转指令来源为通信端子 25：参数锁定 26：PID功能失效（N.O） 27：PID功能失效（N.C） 28：开启第二频率设定来源 29：强制正转（接点Open）/反转（Close） 30：PLC单击自动运转 31：简易定位零点位置信号输入 32：虚拟计数器输入功能	08

㉒ 台达变频器VFD-M常见参数一览表（4）

参数	参数功能	参数设定范围	出厂值
P38	多功能输入端子（M0,M1）功能选择	00 M0：正转/停止 M1：反转/停止 01 M0：运转/停止 M1：反转/正转 02 M0、M1、M2 ：三线式运转控制	00
P44	模拟输出增益设定	00～200%	100
P45	多功能输出端子（MO1）	00：运转中指示 01：设定频率到达指示 02：零速中指令 03：过转矩指示 04：外部中断指示（B.B.） 05：低电压检出指示 06：交流电机驱动器操作模式指示 07：故障指示 08：任意频率到达指示 09：程序运转中指示 10：一个阶段运转完成指示 11：程序运转完成指示	00
P46	多功能输出RELAY接点	12：程序运转暂停指示 13：设定计数值到达指示 14：指定计数值到达指示 15：警告（PID回授信号异常FbE，通信异常Cexx） 16：小于任意频率到达指示 17：PID偏差量超出设定范围 18：OV前警告 19：OH前警告 20：OC失速警告 21：OV失速警告 22：Forward命令指示 23：Reverse命令指示 24：零速（包含停机状态）	07

23 台达变频器VFD-M常见参数一览表（5）

参数	参数功能	参数设定范围	出厂值
P76	参数锁定重置设定	00：所有的参数值设定可读/写模式 01：所有的参数设定为仅读模式 08：键盘锁定 09：所有的参数值重置为50Hz的出厂设定值 10：所有的参数值重置为60Hz的出厂设定值	00
P140	外部Up/Down加减模式	00：依固定模式（如数字操作器） 01：依加减速时间	00
P142	第二频率指令来源设定	00：主频率输入由数字操作器控制 01：主频率输入由模拟信号DC0～10V控制 02：主频率输入由模拟信号DC4～20mA控制 03：主频率输入由串行通信控制（RS-485） 04：数字操作器（LC-M2E）上所附的V.R.控制	00

　　以上仅列举了部分常用参数，方便大家参考、修改、练习，完整的参数请参考变频器自带的参数表手册。本书中所列举的控制案例均为变频器的常用控制，大家可以参考以上的参数加以修改调试，也可以在原有控制的基础上增加扩展，灵活运用。不同品牌的变频器参数也不相同，一定要妥善保存好参数表手册，方便查询修改。变频器的功能和接线原理都是类似的，正所谓一通百通。

㉔ 台达VFD-M变频器常见故障诊断说明

故障代码	说明	常见故障	检查指导
OC	过电流	加速时过电流 减速时过电流 恒速时过电流	（1）排查短路故障 （2）排查负载工作电流是否过大 （3）加减速时间是否设定得过短
GFF	对地短路	对地短路	（1）电机的接线是否有短路或接地 （2）确定IGBT电源模块是否损坏 （3）检查输出侧接线是否绝缘不良 （4）未知原因引起的误动作，断电后再次通电观察
OV	过电压	供电电源电压偏高 加减速时动作	（1）判断制动时是否需要制动单元 （2）调整加减速的时间以减小负载的惯性力矩
LV	电压不足	供电电路有故障 供电电源电压低 供电变压器容量低	（1）万用表检查输入端电压是否正常 （2）检查供电变压器容量是否足够
oH	过热	冷却风扇堵转或损坏 环境温度过高	（1）检查负载是否过大 （2）检查冷却风扇是否异常 （3）增加散热，降低环境温度
oL	过载	负载过大 电子热继设定不合适	（1）检查变频器和负载的功率是否匹配 （2）重新设定电子热继电器

知识拓展

延时启动电路

延时启动延时停止

延时停止电路

单相电机的双电容

时控开关的2种实物接线

左零右火中接地

人体触电的6种情况

手摸零线会触电吗

18个电工基础知识

16条电工口诀

鸟儿站在电线上为什么不触电

第 6 章

实际应用电路实物接线图

① 指示灯实物接线图

指示灯接线

没有辅助常开触点时，也可以把运行指示灯和接触器的线圈并联，接触器吸合指示灯亮。

一般红色指示灯为停止指示灯或电源指示灯，绿色指示灯为运行指示灯。红色指示灯接交流接触器的辅助常闭触点，接触器失电时常闭触点导通，指示灯亮。绿色指示灯接交流接触器的辅助常开触点，接触器线圈得电时，常开触点闭合指示灯亮。

❷ 简易双电源切换实物接线图

双电源切换电路

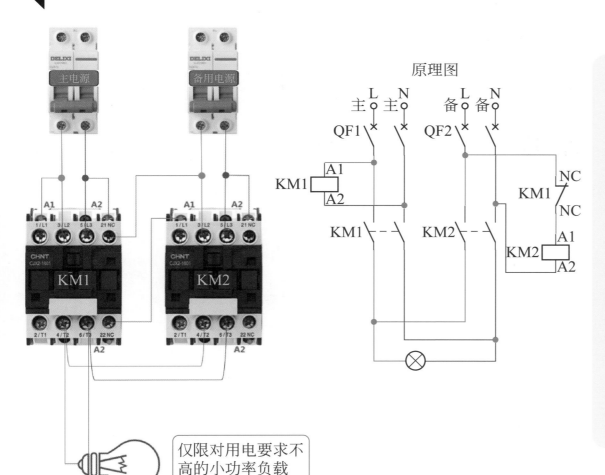

仅限对用电要求不高的小功率负载

原理图

原理分析

　　断路器 QF1 合闸送电，接触器 KM1 得电吸合，负载开始工作，此时主电源供电。断路器 QF2 合闸送电，因 KM1 的常闭触点断开，此时 KM2 不工作。当主电源意外断电时，KM1 的常闭点复位，接触器 KM2 得电吸合，负载继续工作，此时为备用电源供电。当主电源再次来电时，接触器 KM1 吸合，负载继续工作，同时 KM1 的常闭触点断开，KM2 停止工作，主电源继续供电。此电路是简易的双电源切换，为防止电流过大触点粘连，只适用于小功率负载，切换时有明显的时间差，台式电脑、电视等需再次打开。

213

❸ 中间继电器控制双电源切换实物接线图

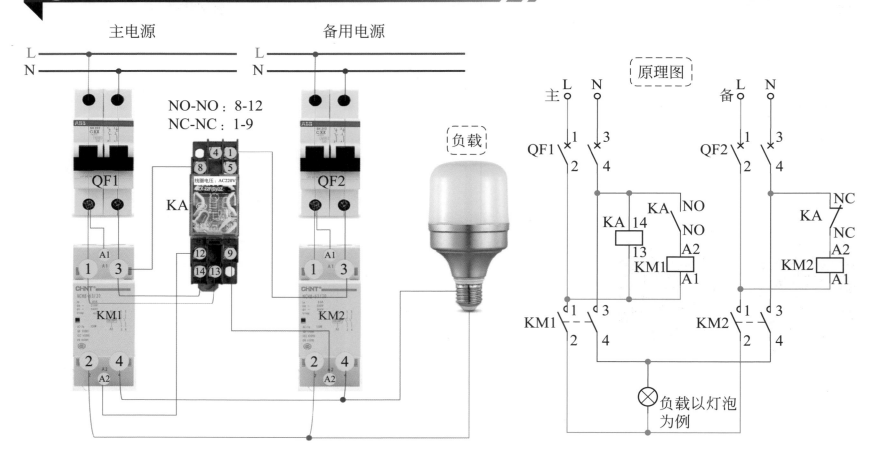

主电源　　　　　　　备用电源

L　　　　　　　　　　L
N　　　　　　　　　　N

NO-NO：8-12
NC-NC：1-9

QF1　　KA　　　　QF2

KM1　　　　　　　　KM2

负载

原理图

负载以灯泡为例

④ 时间继电器自锁实物接线图

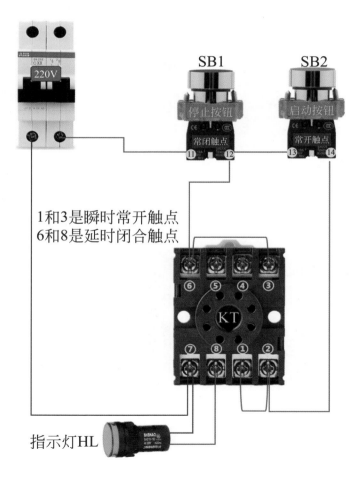

SB1　　　SB2

1和3是瞬时常开触点
6和8是延时闭合触点

指示灯HL

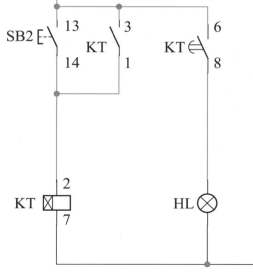

原理分析：合闸送电，按下启动按钮 SB2，时间继电器线圈得电，其自身的瞬时常开触点 1-3 立即闭合，松开 SB2，时间继电器通过闭合的 1-3 持续给线圈供电形成自锁。到达设定时间，延时闭合触点 6-8 闭合，指示灯发光。按下停止按钮 SB1，指示灯熄灭。

时间继电器自锁

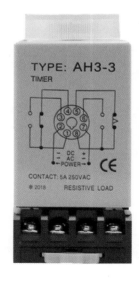

❺ 断电延时时间继电器实物接线图

断电延时继电器

延时停止电路

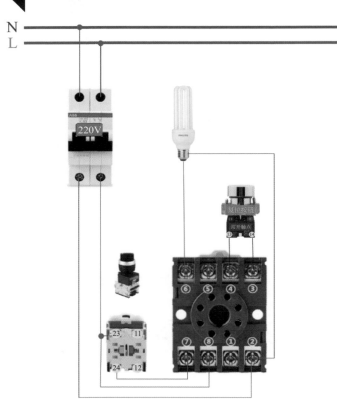

通电后断电延时熄灯

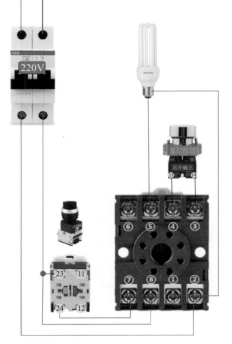

通电后断电延时开灯

　　断电延时时间继电器工作原理：线圈通电后触点立即动作，常开触点闭合、常闭触点断开，断电以后触点延时复位。如左图所示，假设我们设定的时间为10s，合闸送电，旋钮开关闭合，延时熄灯电路中节能灯发光。旋钮开关断开，时间继电器线圈断电，灯继续发光，10s后熄灭。延时开灯电路中，旋钮开关闭合后再断开，10s以后常闭点复位灯打开。在10s延时时间内，按下复位按钮，触点立即复位，延时停止。

⑥ 循环时间继电器实物接线图

循环工作电路　　　循环控制

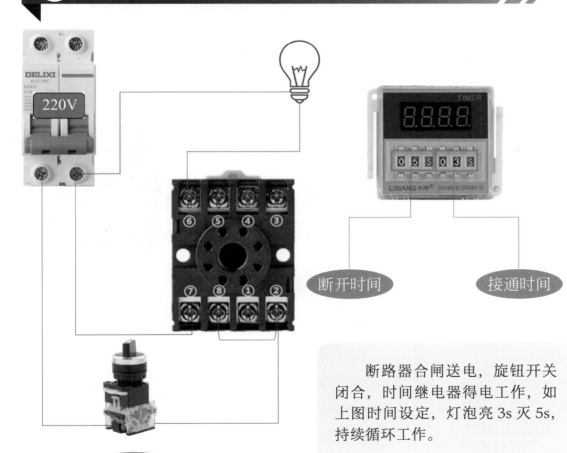

220V

断开时间　　　接通时间

旋钮开关

断路器合闸送电，旋钮开关闭合，时间继电器得电工作，如上图时间设定，灯泡亮 3s 灭 5s，持续循环工作。

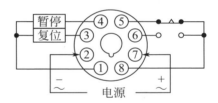

暂停
复位

④ ⑤
③ ⑥
② ⑦
① ⑧

－ 电源 ＋

线圈触点2和7接电源，8为公共点，5和8是常闭触点，6和8是常开触点，1和3短接时间复位，1和4短接时间暂停。时间设定范围0.1s～99h。

⑦ 温控仪低启高停实物接线图

温控仪的接线

温控仪上下限偏差报警

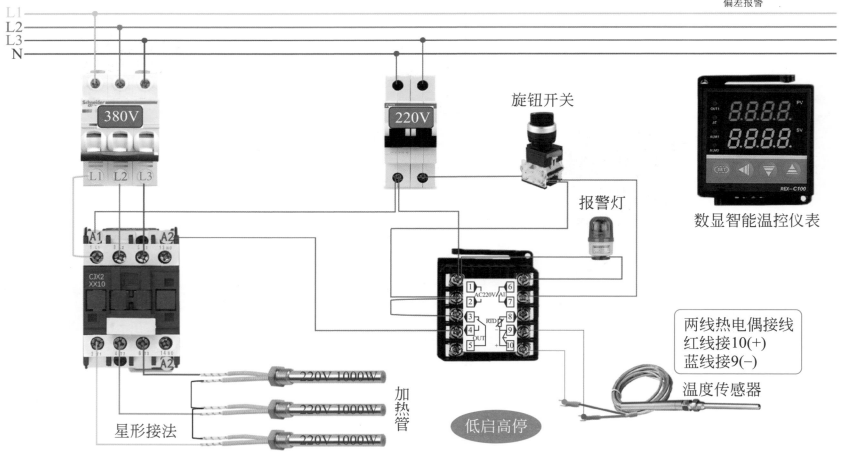

旋钮开关

报警灯

数显智能温控仪表

两线热电偶接线
红线接10(+)
蓝线接9(-)

温度传感器

加热管

星形接法

低启高停

220V 1000W

8 温控仪低停高启实物接线图

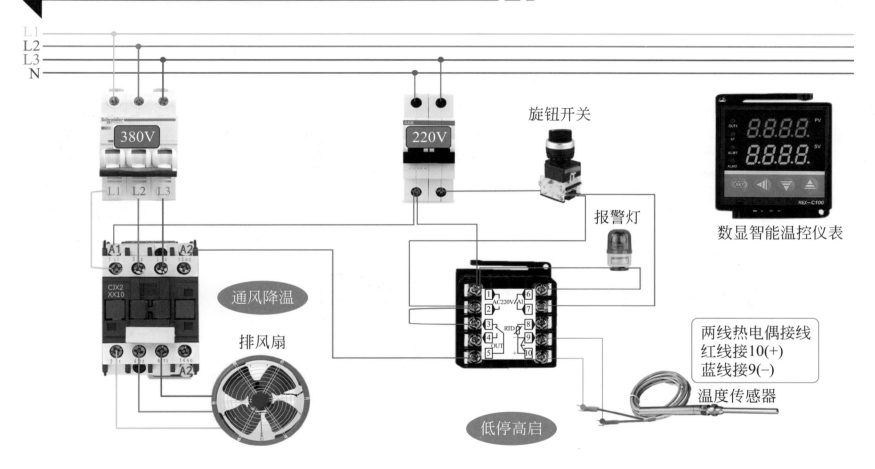

L1
L2
L3
N

380V

220V

旋钮开关

报警灯

数显智能温控仪表

L1　L2　L3

A1　　　A2

CJX2
XX10

通风降温

排风扇

AC220V A1

RID

OUT

低停高启

两线热电偶接线
红线接10(+)
蓝线接9(-)

温度传感器

❾ 温控仪手动/自动切换电路实物接线图

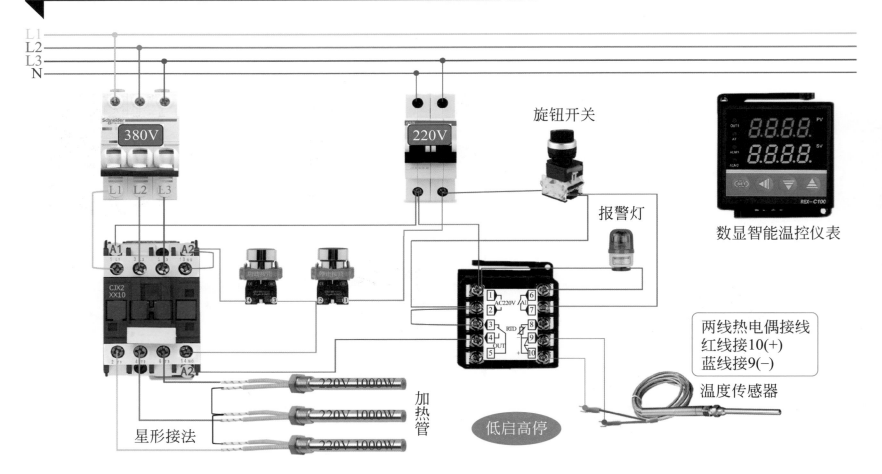

旋钮开关

380V

220V

报警灯

数显智能温控仪表

CJX2
XX10

A1 A2

自动按钮 停止按钮

AC220V

RID

OUT

两线热电偶接线
红线接10(+)
蓝线接9(-)

温度传感器

220V 1000W

220V 1000W

220V 1000W

加
热
管

星形接法

低启高停

⑩ 温控仪与固态继电器实物接线图

温控仪接固态继电器

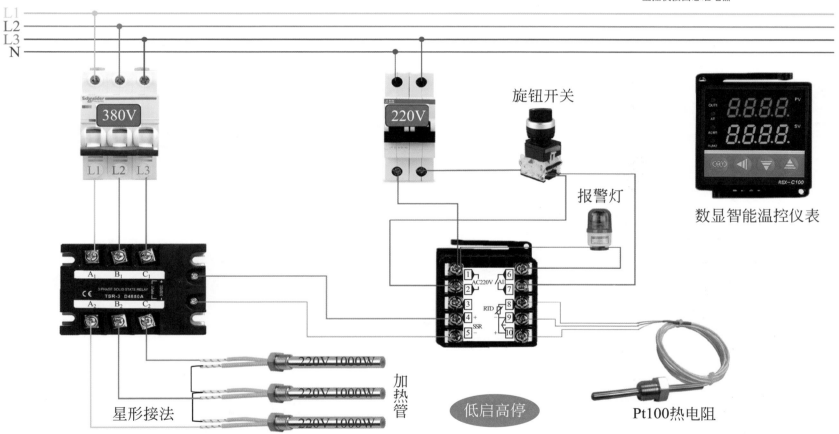

旋钮开关

报警灯

数显智能温控仪表

星形接法

加热管

低启高停

Pt100热电阻

⑪ 缺相保护电路实物接线图

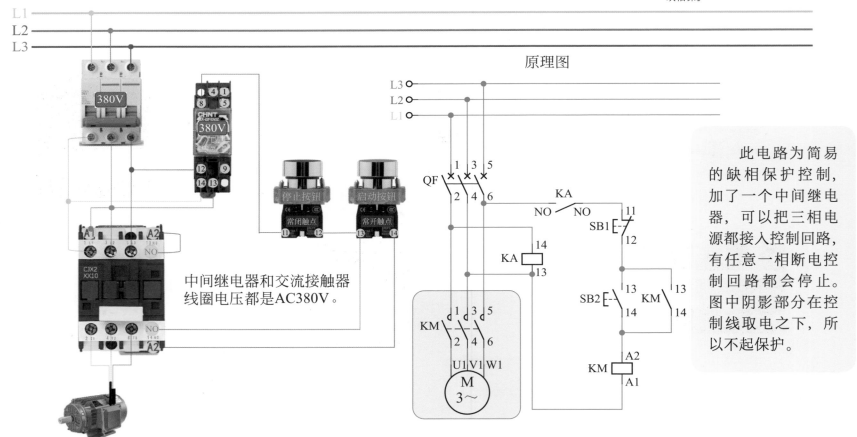

原理图

中间继电器和交流接触器
线圈电压都是AC380V。

此电路为简易
的缺相保护控制，
加了一个中间继电
器，可以把三相电
源都接入控制回路，
有任意一相断电控
制回路都会停止。
图中阴影部分在控
制线取电之下，所
以不起保护。

⑫ 两线接近开关实物接线图

接近开关

接近开关接线

两线接近开关
接线

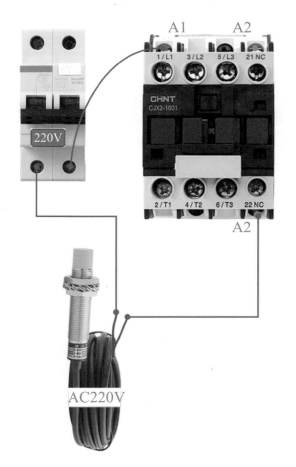

电感式两线接近开关

常开：初始状态是断开的，当有金属物靠近时，开关闭合。

常闭：初始状态是闭合的，当有金属物靠近时，开关断开。

电容式接近开关

常开：初始状态是断开的，当有物体靠近时，开关闭合。

常闭：初始状态是闭合的，当有物体靠近时，开关断开。

223

⑬ 三线接近开关实物接线图

三线接近开关

三线接近开关接线

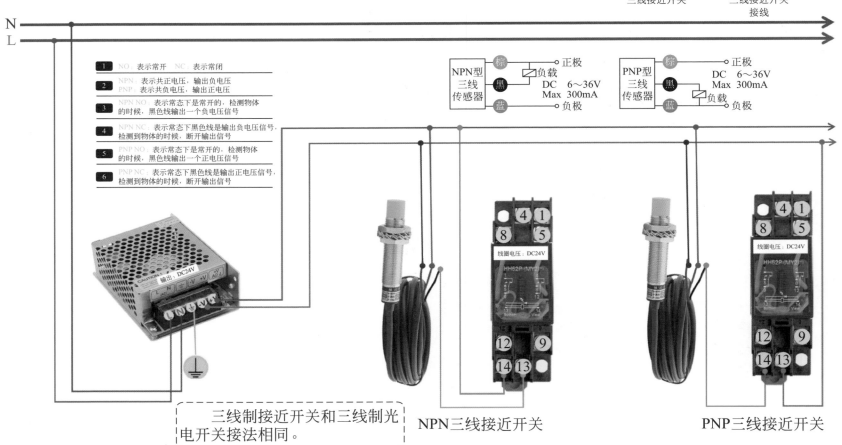

1	NO：表示常开　NC：表示常闭
2	NPN：表示共正电压，输出负电压 PNP：表示共负电压，输出正电压
3	NPN NO：表示常态下是常开的，检测物体的时候，黑色线输出一个负电压信号
4	NPN NC：表示常态下黑色线是输出负电压信号，检测到物体的时候，断开输出信号
5	PNP NO：表示常态下是常开的，检测物体的时候，黑色线输出一个正电压信号
6	PNP NC：表示常态下黑色线是输出正电压信号，检测到物体的时候，断开输出信号

NPN型三线传感器　棕　黑　蓝　负载　正极　DC 6～36V　Max 300mA　负极

PNP型三线传感器　棕　黑　蓝　正极　DC 6～36V　Max 300mA　负载　负极

三线制接近开关和三线制光电开关接法相同。

NPN三线接近开关

PNP三线接近开关

⑭ 三线接近开关和固态继电器实物接线图

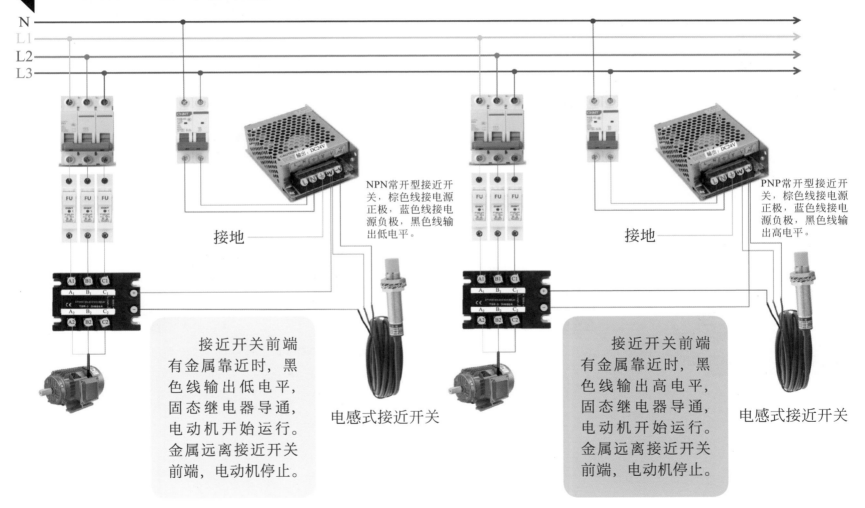

NPN常开型接近开关，棕色线接电源正极，蓝色线接电源负极，黑色线输出低电平。

接地

PNP常开型接近开关，棕色线接电源正极，蓝色线接电源负极，黑色线输出高电平。

接地

接近开关前端有金属靠近时，黑色线输出低电平，固态继电器导通，电动机开始运行。金属远离接近开关前端，电动机停止。

电感式接近开关

接近开关前端有金属靠近时，黑色线输出高电平，固态继电器导通，电动机开始运行。金属远离接近开关前端，电动机停止。

电感式接近开关

⑮ 三线传感器式接近开关触发报警实物接线图 ▶▶▶

三线PNP接近开关接线   三线NPN接近开关接线

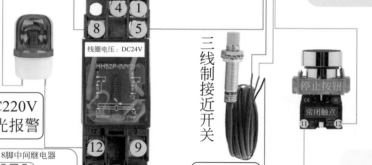

220V

线圈电压：DC24V

HH52P-(MY2)

三线制接近开关

停止按钮

常闭触点

AC220V
声光报警

8脚中间继电器

1-9、4-12是常闭触点
5-9、8-12是常开触点
13-14是线圈(直流)13- 14+
(交流)13 14

DC24V
NPN常开

原理分析

图中接近开关为电感式接近开关，合闸送电后，当前端有金属物质靠近时，接近开关黑色线输出低电平，中间继电器线圈得电并自锁，此时中间继电器的常开触点 8-12 闭合，声光报警器开始工作。按下停止按钮，报警器停止。

左图中的接近开关还可以用三线 NPN 常开型电容式接近开关和三线 NPN 常开型光电开关，这两种传感器也可以检测非金属物质，检测的范围更加广泛。

16 五线制接近开关实物接线图

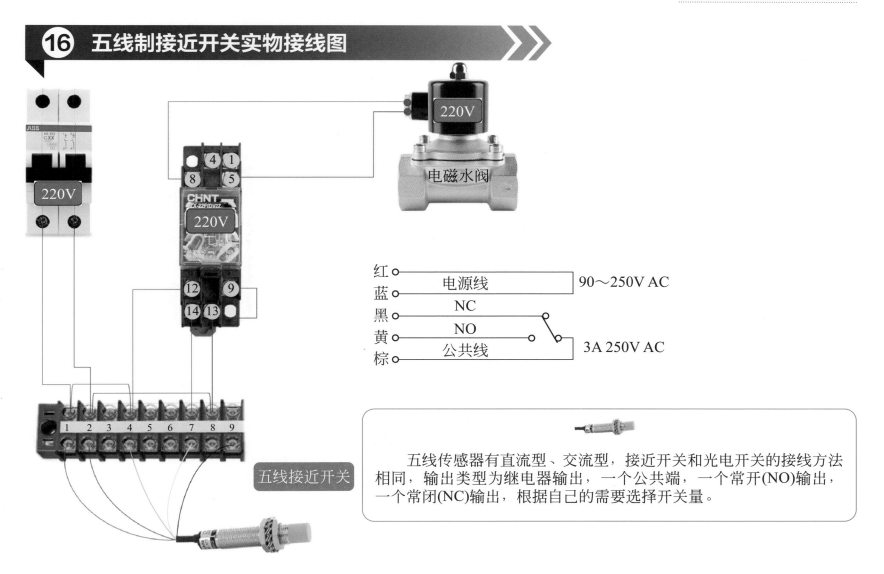

电磁水阀

红○──── 电源线 ────── 90～250V AC
蓝○────

黑○──── NC
黄○──── NO ────── 3A 250V AC
棕○──── 公共线

五线接近开关

　　五线传感器有直流型、交流型，接近开关和光电开关的接线方法相同，输出类型为继电器输出，一个公共端，一个常开(NO)输出，一个常闭(NC)输出，根据自己的需要选择开关量。

227

17 安全光栅实物接线图

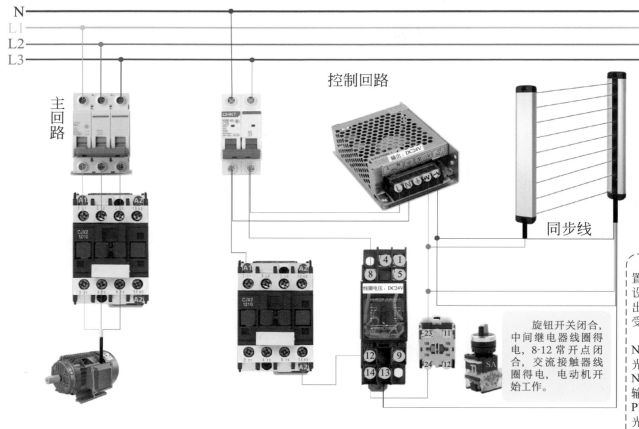

N

L1

L2

L3

主回路

控制回路

同步线

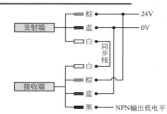

NPN常闭型安全光栅，当安全光栅被触发时，黑色线停止输入，中间继电器线圈失电，从而断开交流接触器，电动机停止。

旋钮开关闭合，中间继电器线圈得电，8-12常开点闭合，交流接触器线圈得电，电动机开始工作。

安全光栅是一种光电保护装置，一般装在一些具有潜在危险的设备上，当被触发时设备停止或发出警报，可以有效地防止作业人员受到伤害。

NPN常闭：通光时输出低电平，遮光时无输出。

NPN常开：通光时无输出，遮光时输出低电平。

PNP常闭：通光时输出高电平，遮光时无输出。

PNP常开：通光时无输出，遮光时输出高电平。

18 光电开关控制电动机启停实物接线图

对射型光电开关
接线

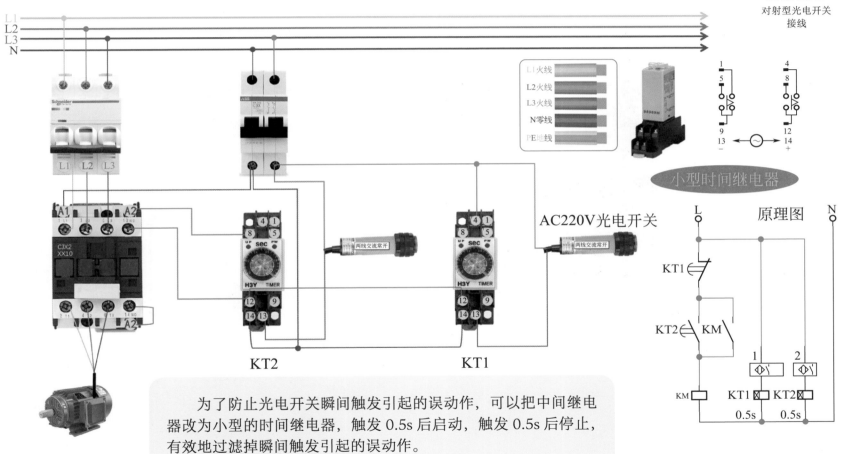

AC220V光电开关

小型时间继电器

原理图

为了防止光电开关瞬间触发引起的误动作，可以把中间继电器改为小型的时间继电器，触发 0.5s 后启动，触发 0.5s 后停止，有效地过滤掉瞬间触发引起的误动作。

⑲ 计数器实物接线图

计数器接线

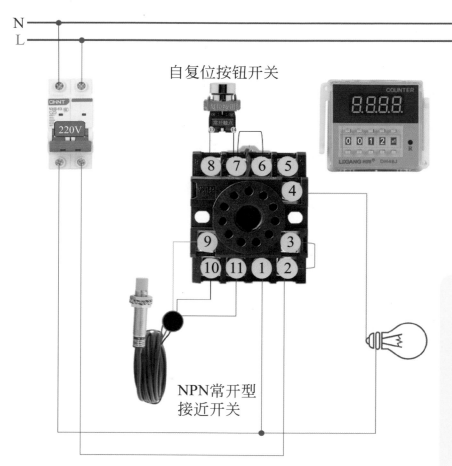

N

L

自复位按钮开关

NPN常开型
接近开关

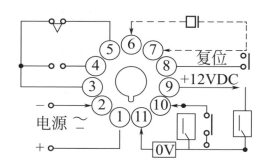

复位

+12VDC

电源～

0V

计数器接线图：1 和 2 接电源，如图所示的计数继
电器，线圈电压 AC220V。3/4/5 是一组继电器输出，3
是公共端，3 和 4 是常开点，3 和 5 是常闭点。6 和 7
短接断电记忆保持，7 和 8 短接为复位。9/10/11 接三
线的 NPN 型传感器，9 和 12 为 12V 直流电源的正极
和负极，三线传感器的棕色线接正极，蓝色线接负极，
黑色线输出低电平接 10，如果是开关量计数，只需要
接 10 和 11 即可。

20 电加热管实物接线图

蒸箱

开水器

保温箱

　　电加热管的应用非常广泛，如我们常见的蒸箱、热水器、保温箱等，里面用的就是电加热管。

　　电加热管的接线大体分为四种：串联、并联、星形接法、三角形接法，低压直流电加热的工作电压一般为12V、24V、36V、48V、72V、110V。常见交流电加热管工作电压一般为220V、380V，还有少量的110V。

　　两个同功率同型号的110V的电加热管，我们可以采用串联的方式接入220V电源，原理是串联分压。每个负载上的电压都是110V，其中一个损坏，另一个也无法工作。

　　电加热管的电压和使用的电源匹配时，我们可以采用并联的方式，把多个负载并联在一起，每个负载上的工作电压都相等。其中一个加热管损坏，不影响其他加热管工作。

21 加热管的星接和角接

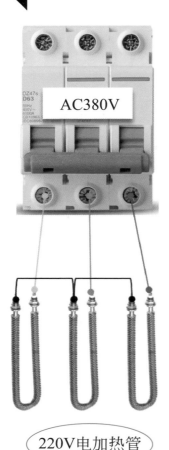

220V电加热管

380V 三相三线制供电，在没有零线的情况下，我们可以通过星形接法，把三个 220V 的加热管接到 380V 的电源上。星形连接要求三个负载的功率相同，中性点的电压为 0，每个负载上加载的电压都是 220V，三个负载正常工作。其中一个负载损坏，其他两个变为串联，380V 串联分压，每个负载上的工作电压变为 190V，两个加热管可以工作，但功率衰减。

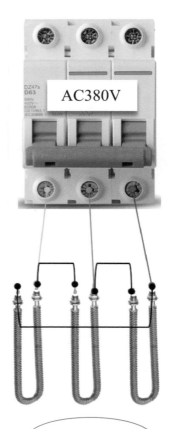

380V电加热管

三个同型号的 380V 的电加热管，我们可以采用三角形接法，三个负载首尾相连，每个负载上的工作电压都是 380V，都可以正常工作。其中一根烧坏了，△ 接法就变成了 V 接法，其他两根继续工作，如果烧坏两根，线路无法形成回路，第三根不工作。

22 五个220V加热管实物接线图

N

L1
L2
L3

380V

380V

L1火线	
L2火线	
L3火线	
N零线	
PE地线	

5个同功率同型号的AC220V的加热管，在三相三线制供电时可以这么接。

三相电源有零线时，多个同功率的加热管尽量分为三组，保持三相用电平衡，三相电流相同时，零线上的电流为零。

1　2　3　4　5

1　2　3　4　5

2、3、4三个加热管星接，1和5两个加热管串联，串联分压，每个加热管上的电压是190V，也可以工作，只是功率稍有衰减，同时反而更耐用。

2、3、4三个加热管星接，1和5两个加热管分别接一根火线一根零线，每个加热管上的电压都是220V，都正常工作。

23 判断电加热管好坏的方法

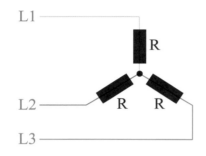

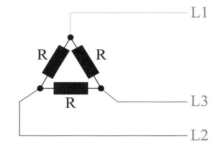

星形接法和三角形接法与三相异步电动机的接线类似，我们知道三相异步电动机是不需要零线的，而且常见的三相异步电动机，三个绕组的阻值也是相同的，3kW 以下的小功率三相异步电动机为星形接法，4kW 以上的大功率三相电动机为三角形接法，电加热管同样适用这两种接法。

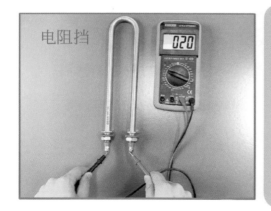

电阻挡

怎么判断电加热管的好坏？

（1）万用表的欧姆挡，量程打到 1000Ω 即可，红黑表笔测量电加热管的两端，如果有几十或几百欧姆的电阻，说明内部电热丝正常。如果万用表无读数则内部已经烧断，如读数偏小或趋近于零，则说明内部短路。

（2）电加热管是在无缝金属内（碳钢管、钛管、不锈钢管、铜管）装入的电热丝，通过良好的导热和绝缘材料隔离，然后再加工成各种形状。所以绝缘这一块，我们也要测量。可以用兆欧表测量电热丝和外壳之间的绝缘，绝缘阻值超过 0.5MΩ 就是好的，趋近于无穷大为良好。

㉔ 三相五线制电源取电实物接线图

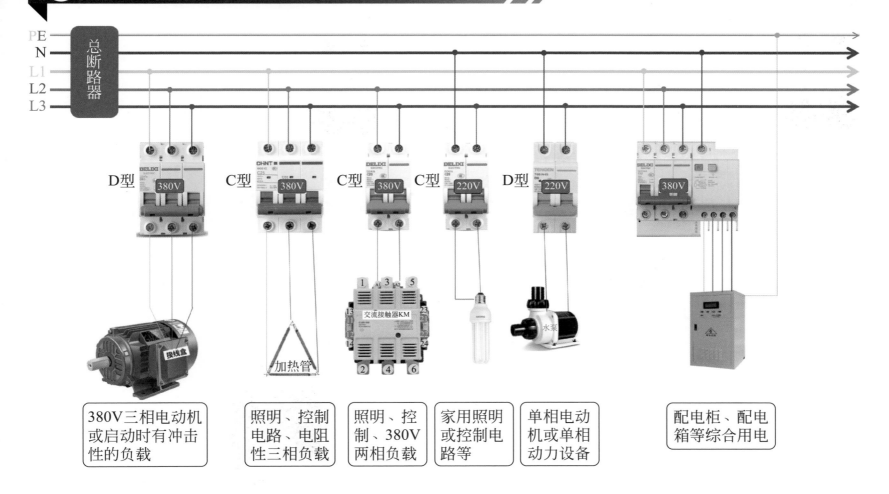

PE
N
L1
L2
L3

总断路器

D型 380V　　C型 380V　　C型 380V　　C型 220V　　D型 220V　　380V

接线盒

加热管

交流接触器KM

水泵

| 380V三相电动机或启动时有冲击性的负载 | 照明、控制电路、电阻性三相负载 | 照明、控制、380V两相负载 | 家用照明或控制电路等 | 单相电动机或单相动力设备 | 配电柜、配电箱等综合用电 |

㉕ 手机远程遥控开关实物接线图

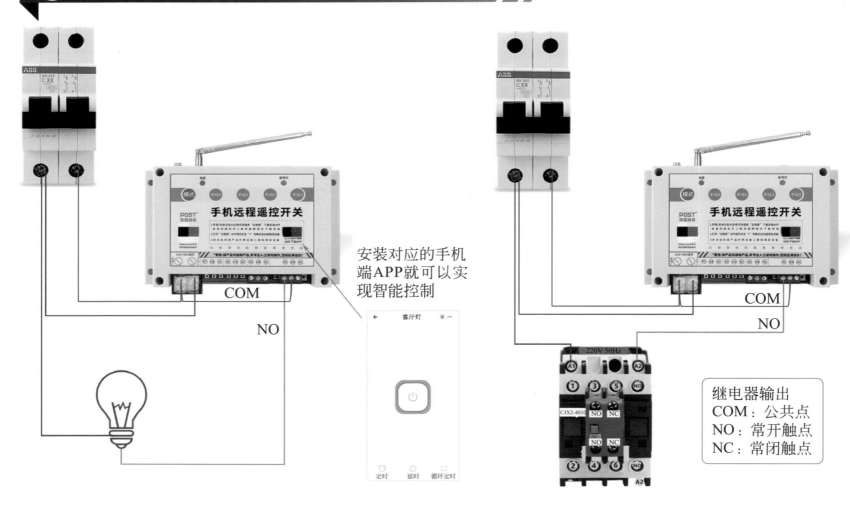

COM

NO

安装对应的手机端APP就可以实现智能控制

客厅灯

定时　延时　循环定时

COM

NO

220V 50Hz

CJX2-4010

继电器输出
COM：公共点
NO：常开触点
NC：常闭触点

26 手机远程遥控电动机正反转电路实物接线图

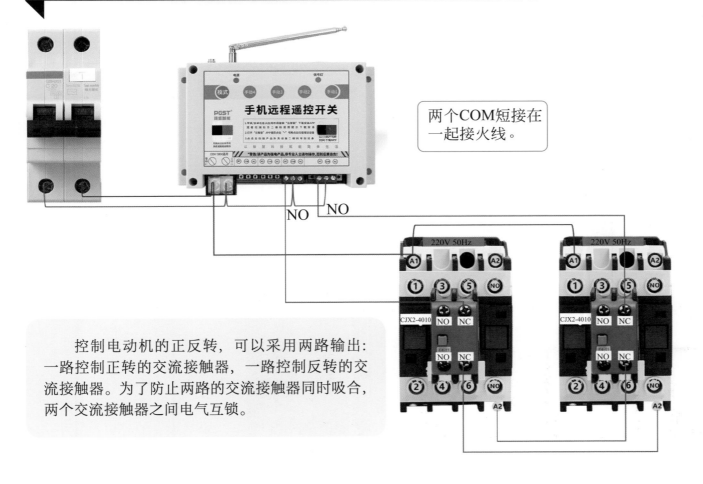

两个COM短接在一起接火线。

NO　NO

控制电动机的正反转，可以采用两路输出：一路控制正转的交流接触器，一路控制反转的交流接触器。为了防止两路的交流接触器同时吸合，两个交流接触器之间电气互锁。

27 电流互感器和电流表的实物接线图

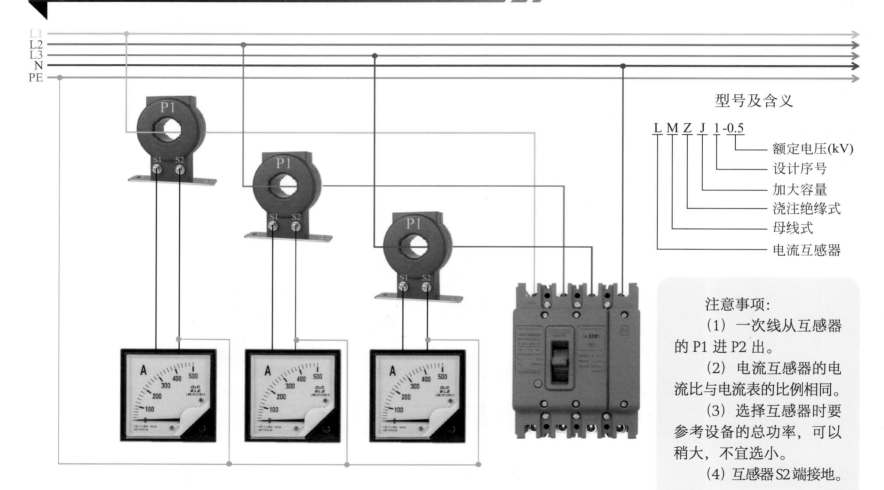

型号及含义

L M Z J 1-0.5

额定电压(kV)
设计序号
加大容量
浇注绝缘式
母线式
电流互感器

注意事项：
（1）一次线从互感器的 P1 进 P2 出。
（2）电流互感器的电流比与电流表的比例相同。
（3）选择互感器时要参考设备的总功率，可以稍大，不宜选小。
（4）互感器 S2 端接地。

28 万能转换开关与电压表实物接线图

万能转换开关接线

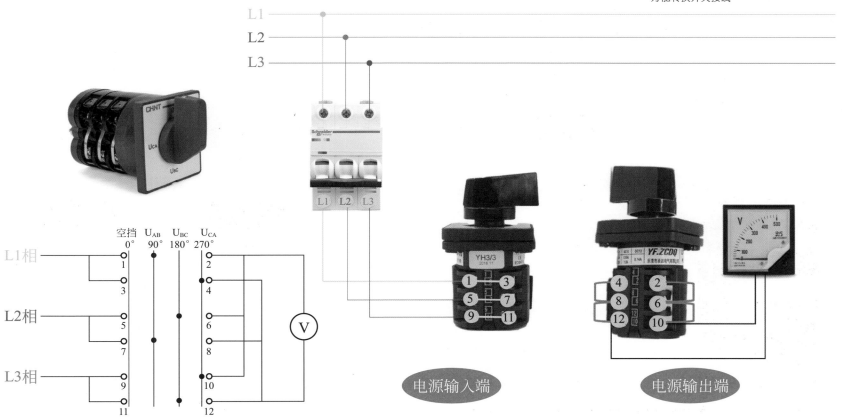

29 遥控开关控制电动机实物接线图

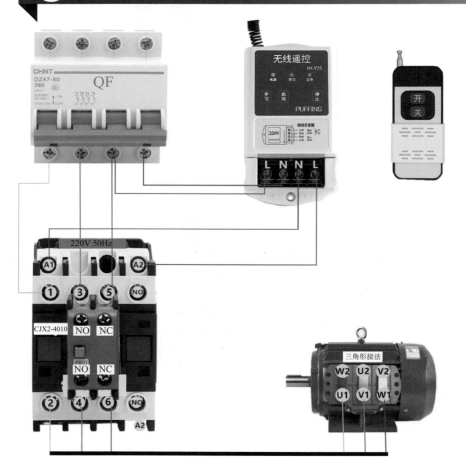

220V

380V

如果三相电没有零线，可以选择 380V 的遥控开关，接线方法与 220V 类似。
(1) 接触器线圈电压选 AC380V。
(2) 图中蓝色零线换成火线即可（黄或绿）。

30 三相四线电能表直接式实物接线图

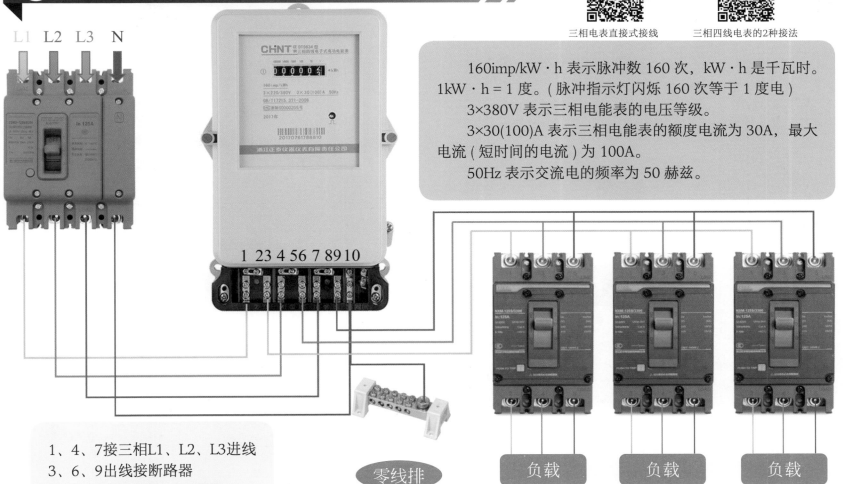

三相电表直接式接线

三相四线电表的2种接法

160imp/kW·h 表示脉冲数 160 次，kW·h 是千瓦时。
1kW·h＝1 度。(脉冲指示灯闪烁 160 次等于 1 度电)

3×380V 表示三相电能表的电压等级。

3×30(100)A 表示三相电能表的额度电流为 30A，最大电流 (短时间的电流) 为 100A。

50Hz 表示交流电的频率为 50 赫兹。

1、4、7接三相L1、L2、L3进线

3、6、9出线接断路器

2、5、8有连接片，不用接

零线排

负载　负载　负载

31 互感器式三相电表实物接线图

三相四线互感器
式接线

互感器P1为正面，P2为背面，导线从P1
进P2出。互感器的S2端子接地。

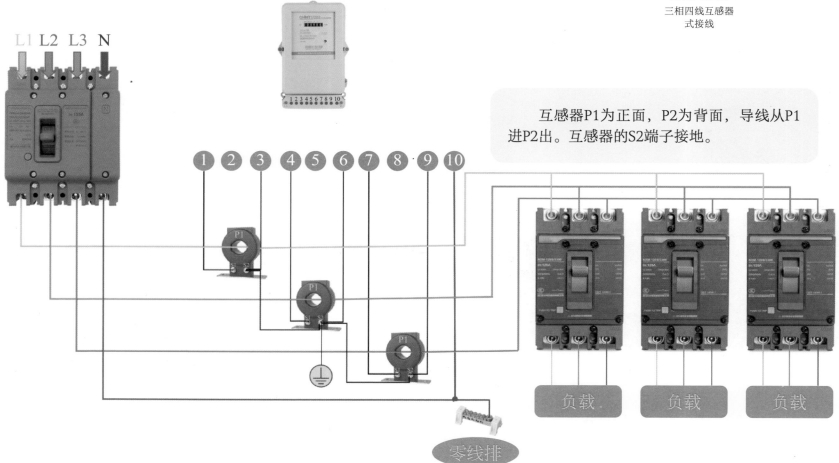

零线排

负载   负载   负载

32　三相电动机改为单相供电实物接线图

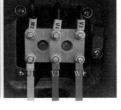

Y接法(星形接法)　△接法(三角形接法)

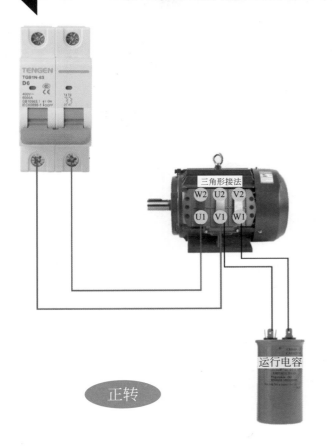

正转

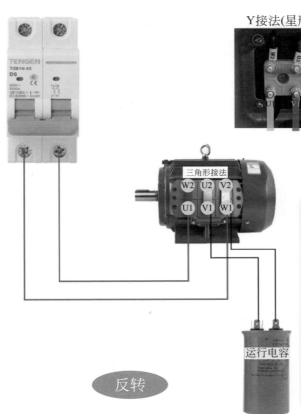

反转

（1）仅限1.5kW以下的小功率电动机，改接以后功率会衰减。

（2）原有的星接改为角接。

（3）电容容量估算按电动机功率×0.07(μF)。

备注：改装以后不宜带重型负载，不宜长时间运行。

③③ 插卡取电开关实物接线图

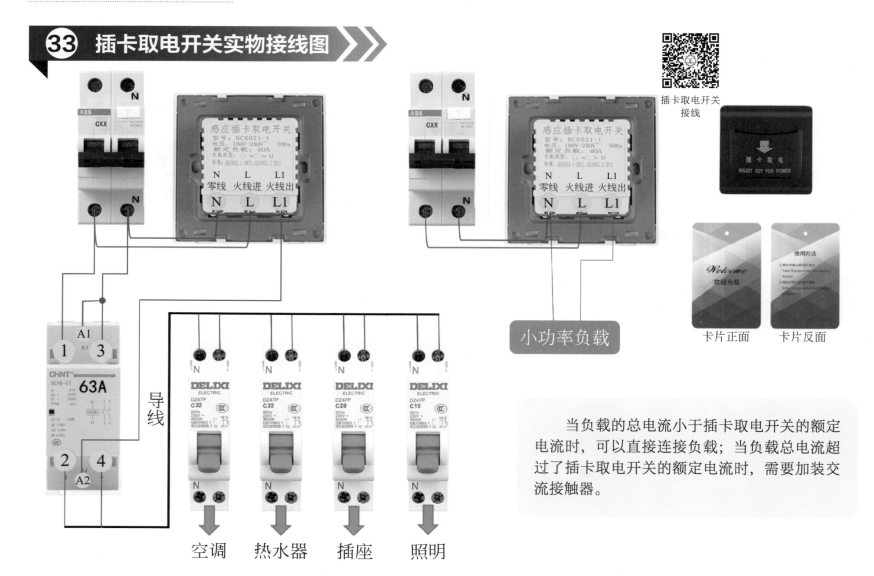

插卡取电开关
接线

感应插卡取电开关
型号：BC8021-1
电压：180V~240V⌵ 50Hz
额定负载：40A

N　L　L1
零线　火线进　火线出
N　L　L1

插卡取电
INSERT KEY FOR POWER

Welcome
欢迎光临

使用方法

卡片正面　　卡片反面

小功率负载

CHNT
NCH8-63
63A

导线

DELIXI
ELECTRIC
DZ47P
C32

DELIXI
ELECTRIC
DZ47P
C32

DELIXI
ELECTRIC
DZ47P
C20

DELIXI
ELECTRIC
DZ47P
C10

空调　　热水器　　插座　　照明

当负载的总电流小于插卡取电开关的额定
电流时，可以直接连接负载；当负载总电流超
过了插卡取电开关的额定电流时，需要加装交
流接触器。

㉞ 直观法、替换法、短接法排查故障

万用表排查故障

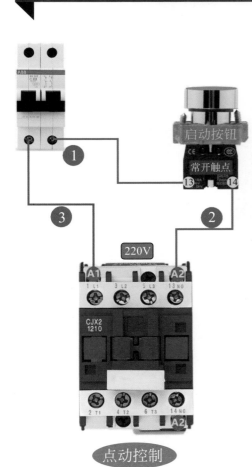

点动控制

直观法

根据故障的外部表现，通过看、闻、听、试操作等方法来查找故障。

（1）看：检查电气元件和导线是否有明显的烧焦、打火等现象。

（2）闻：是否有烧焦的味道或异常气味。

（3）听：电气元件或负载工作时是否有异响，如左图所示，按下启动按钮交流接触器吸合，并发出"滋滋"的声音，则重点检查交流接触器及触点的接线。

（4）试操作：如按钮开关按下无效，在条件允许的情况下，可以手动按下交流接触器。如果主回路导通负载工作，则主回路正常，只需检修控制回路即可。如果按钮开关按下，交流接触器吸合但负载不工作，则控制回路正常，重点检修主回路。

（5）其他：如果设备不工作，可以询问设备操作者或现场人员，通过他们的反馈来大概判断故障原因。

替换法

有明显的故障点，假设导线烧焦，我们可以替换一根稍粗一点的导线重新通电测试，如果负载正常工作，说明导线有虚接或导线太细引起的故障。如左图中，假设按下启动按钮，交流接触器不吸合，我们可以在 A1—A2 上接一个 220V 的灯泡，按下启动按钮灯泡发光，说明是接触器坏了。

短接法

没有万用表、电笔等测量工具的情况下，我们可以找一个导线，如左图所示，先拉闸断电，然后导线一端接断路器下端①的位置，然后另一端接按钮开关的 14。然后合闸送电，如果负载正常工作，说明按钮开关和前面的导线（即被短接的部分）有断点。可以在火线一边短接，也可以在零线一边短接，依次排查即可。

35 电压法排查电路故障

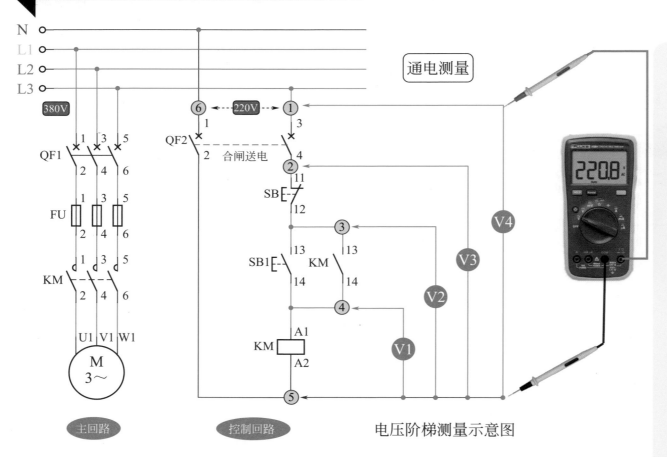

通电测量

电压阶梯测量示意图

主回路　　控制回路

原理分析

以自锁电路为例，按下启动按钮SB1，如果交流接触器不吸合，说明控制回路有故障。首先用万用表的交流电压挡测量电源电压（①—⑥）是否正常，然后黑表笔放在⑤，按着启动按钮SB1，红表笔依次测量①、②、③、④，如果②—⑤之间的电压V3正常，③—⑤之间的电压V2异常，说明②和③之间有断点。如果一直到④—⑤之间的电压都正常，即交流接触器的线圈供电正常，接触器不工作，说明接触器坏了。

36　电阻法排查电路故障

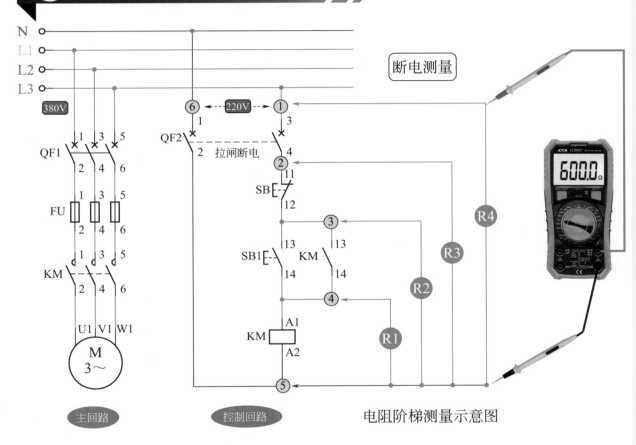

断电测量

电阻阶梯测量示意图

主回路　　控制回路

原理分析

以自锁电路为例，按下启动按钮 SB1，如果交流接触器不吸合，说明控制回路有故障。首先拉闸断电，万用表打到电阻挡，测量交流接触器线圈的电阻（④—⑤），不同的接触器线圈电阻也不相同，假设我们测的数值为 600Ω，然后黑表笔放在⑤，按住启动按钮，红表笔依次测量②、③，如果③—⑤之间的电阻为 600Ω，②—⑤之间无读数（阻值无穷大），则说明②和③之间有断点。

也可以用万用表的蜂鸣挡测量，按住启动按钮，黑表笔放在④，红表笔依次测量②、③，如测量③—④之间有蜂鸣声正常，②—④之间有蜂鸣声正常，无蜂鸣声则中间有断点。

37 摸零线会触电吗？

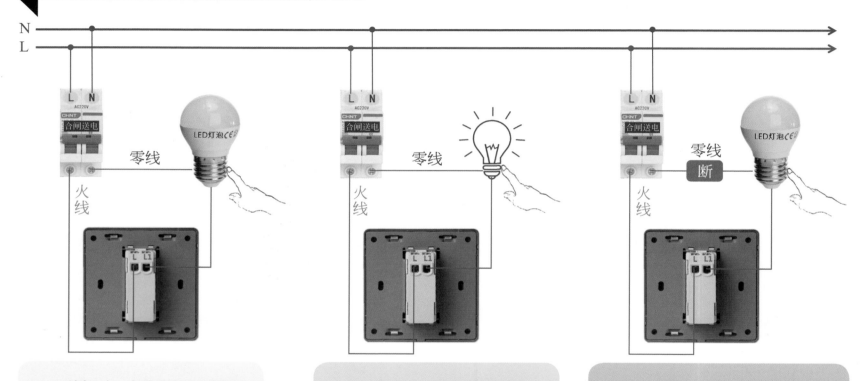

关灯时，火线断开，灯泡螺口与零线连接，当我们站在地上摸灯头的零线时，由于零线与大地等电位，所以不会触电。

开灯时，灯泡正常发光，当我们站在地上不小心碰到灯头零线，由于零线与大地等电位，所以不会触电。

开灯时，灯泡不亮，如图中故障零线断了，当我们站在地上不小心碰到灯头零线，火线电流—灯泡—人体—大地，会发生触电。

第1章　常见电气元器件

控制按钮 …………………………………002

电器上的NO和NC …………………………002

断路器 …………………………………004

断路器C和D …………………………………004

电机一启动就跳闸故障 …………………………004

空气开关和漏电保护器 …………………………005

交流接触器 …………………………………008

怎样区分常开和常闭触点 …………………………008

中间继电器 …………………………………011

中间继电器的2个电压等级 …………………………011

时间继电器 …………………………………013

固态继电器 …………………………………016

浮球开关 …………………………………018

浮球开关的接线 …………………………………018

热继电器 …………………………………019

热继电器的接线 …………………………………019

热继怎样调电流 …………………………………019

行程开关 …………………………………024

开关电源 …………………………………025

时控开关 …………………………………026

时控开关的设置及接线 …………………………026

时控开关的两种接法 …………………………026

电接点压力表 …………………………………031

控制变压器的接线 …………………………………033

电工必备的19个电气字母符号 …………………………034

第2章　常见电工仪表的使用

万用表的NCV挡 …………………………………040

万用表经典口诀 …………………………………040

万用表的挡位 …………………………………040

摇表的使用方法 …………………………………048

万用表测量单相电机的好坏 …………………………049

万用表测量三相电机的好坏 …………………………049

数字万用表视频教程 …………………………………050

指针式万用表视频教程 …………………………………051

第3章　家庭用电电路实物接线图

串联和并联 …………………………………054

多开单控的接线 …………………………………057

一个双控控制2个灯，两个双控控制2个灯 …………057

一个开关一个灯 …………………………………057

开关后面的L、L1、L2 …………………………………058

两个开关控制一个灯 …………………………………058

三个开关控制一个灯 …………………………………059

一灯三控 …………………………………059

一灯四控 …………………………………060

双开单控的接线 …………………………………061

两个开关控制两个灯 …………………………………062

三开单控的接线 …………………………………063

四开单控的接线 …………………………………063

一开加五孔的接线 …………………………………064

单开加5孔插座的2种接线 …………………………064

两个一开加五孔控制一个灯 …………………………065

双开加五孔的接线 …………………………………066

三个开关控制两个灯的接线 …………………………067

三个开关控制两个灯 …………………………………068

两灯三控的接线 …………………………………068

浴霸开关的接线 …………………………………069

免布线开关怎么使用 …………………………………071

怎样给LED加一个遥控器 …………………………072

一灯双控关灯微亮 …………………………………074

家里的LED关了灯还亮 …………………………075

解决鬼火的第2种方法 …………………………076

两个开关控制一个灯关了灯微亮 …………………077

单控灯改双控 …………………………………078

灯不亮的3种故障 …………………………………079

五线风扇电机的接线 …………………………………081

认识电表 …………………………………082

家用电表接线 …………………………………082

家用配电箱合理搭配 …………………………083

家用配电箱的总开用空开还是漏保 …………………084

电工接线必须要左零右火吗 …………………………084

过欠压保护器3点注意事项 …………………………086

过欠压保护器的3点注意事项 …………………………086

1.5平到10平铜线载流量是多少 …………………089

怎么估算铜线的载流量 …………………………089

第4章　电动机控制电路实物接线图

点动和自锁实物接线 …………………………093

自锁电路实物接线 …………………………………095

按钮控制交流接触器 …………………………095

带过载保护的启动电路 …………………………096

自锁电路实物连线教程 …………………………096

加密电路 …………………………………097

中间继电器自锁和互锁 …………………………098

两个中间继电器互锁 …………………………098

中间继电器自锁控制交流接触器 …………………099

点动和自锁的混合控制 …………………………100

点动和长动混合控制 …………………………100

点动及长动控制 ……………………… 102

异地控制 ………………………………… 103

不一样的两地控制 ……………………… 104

三地控制 ………………………………… 107

三相电机正反转实物接线 ……………… 111

正反转点动控制电路 …………………… 112

点动互锁正反转 ………………………… 112

互锁点动控制 …………………………… 115

双重互锁 ………………………………… 115

正反转控制主电路 ……………………… 115

倒顺开关接双电容单相电机 …………… 125

小车自动往返 …………………………… 126

单按钮正反转 …………………………… 128

三个交流接触器互锁 …………………… 131

两个时间继电器两台电机循环工作 …… 138

三相电机星接和角接 …………………… 143

手动星三角启动 ………………………… 144

自动星三角降压启动 …………………… 146

万用表排查自动星三角启动故障 ……… 147

空气延时触头控制星三角 ……………… 157

第5章　变频器电路实物接线图

变频器面板介绍及参数设置 …………… 186

变频器上的字母符号 …………………… 186

变频器端子介绍 ………………………… 187

变频器两线式控制正反转（1）………… 190

变频器两线式控制正反转（2）………… 190

变频器多段速控制 ……………………… 195

变频器启保停控制 ……………………… 199

变频器递增和递减指令 ………………… 200

变频器锁定参数 ………………………… 204

参数乱了怎么办 ………………………… 204

第6章　实际应用电路实物接线图

指示灯的接线 …………………………… 212

双电源切换电路 ………………………… 213

时间继电器自锁 ………………………… 215

断电延时继电器 ………………………… 216

断电延时型延时停止电路 ……………… 216

循环工作电路 …………………………… 217

一个时间继电器循环控制 ……………… 217

温控仪的接线 …………………………… 218

温控仪上下限偏差报警 ………………… 218

温控仪接固态继电器 …………………… 221

加一个中间继电器实现三相电机缺相保护 …… 222

接近开关 ………………………………… 223

接近开关的接线 ………………………… 223

两线的接近开关接线 …………………… 223

三线接近开关 …………………………… 224

三线制接近开关的接线 ………………… 224

三线PNP接近开关接线 ………………… 226

三线NPN接近开关接线 ………………… 226

对射型光电开关的接线 ………………… 229

计数器怎么接线 ………………………… 230

12个接点的万能转换开关的接线 ……… 239

三相电表直接式接线 …………………… 241

三相四线电表的2种接法 ……………… 241

三相四线互感器式接线 ………………… 242

插卡取电开关的接线 …………………… 244

万用表排查故障 ………………………… 245

知识拓展

接触器上的Q5 …………………………… 052

电路中的回火 …………………………… 052

双开加五孔的接线 ……………………… 052

一开加五孔 ……………………………… 052

声光控灯 ………………………………… 052

继电器控制交流接触器 ………………… 052

点动及长动控制混合电路 ……………… 052

两个接近开关控制电机正反转 ………… 052

星三角启动的二次回路 ………………… 052

星三角降压启动二次回路接线 ………… 052

两台电机顺序启动 ……………………… 052

在家里练习点动和自锁 ………………… 090

一键启停 ………………………………… 090

火线互锁正反转电路 …………………… 090

零基础学互锁（接触器互锁）………… 090

电气互锁正反转（零线互锁）………… 090

变频器接启停盒 ………………………… 090

变频器实物接线 ………………………… 090

变频器接电位器调速 …………………… 090

变频器上的RARBRC …………………… 090

三线单相电机的接线 …………………… 090

小型时间继电器的接线 ………………… 090

延时启动电路 …………………………… 210

延时启动延时停止 ……………………… 210

延时停止电路 …………………………… 210

单相电机的双电容 ……………………… 210

时控开关的2种实物接线 ……………… 210

三孔插座为什么必须左零右火中接地 … 210

人体触电的6种情况 …………………… 210

用电器正常工作时，手摸零线会触电吗… 210

18个电工基础知识 ……………………… 210

好用到爆的16条电工口诀 ……………… 210

鸟儿站在电线上为什么不触电 ………… 210